高等职业教育数字媒体技术专业系列教材

Web 用户界面设计与制作

主　编　赵　娟

副主编　刘　蘅　秦　洁

中国水利水电出版社
www.waterpub.com.cn

·北京·

内 容 提 要

　　本书是 WUI（Web 用户界面）设计与制作的基础实用教程，通过设置工作任务，由浅入深地介绍了 WUI 设计与制作的流程、步骤、技术、方法。全书从 Web 用户界面设计入门、用户界面设计与制作、用户界面前端交互三个方面进行设计，共包括 6 个项目，内含 20 个工作任务，通过"知识解析+任务实现+技术实战"的训练体系，将知识与技能相融，引导学习者不断提升技术能力与制作水平。

　　本书既可作为高职高专院校相关课程的专用教材，也可作为 WUI 设计爱好者的必备参考书。

图书在版编目（ＣＩＰ）数据

Web用户界面设计与制作 / 赵娟主编. -- 北京 ：中国水利水电出版社，2021.11
高等职业教育数字媒体技术专业系列教材
ISBN 978-7-5226-0032-1

Ⅰ．①W… Ⅱ．①赵… Ⅲ．①网页制作工具－高等学校－教材 Ⅳ．①TP393.092.2

中国版本图书馆CIP数据核字(2021)第200122号

策划编辑：石永峰	责任编辑：魏渊源	封面设计：李 佳

书　　名	高等职业教育数字媒体技术专业系列教材 Web 用户界面设计与制作 Web YONGHU JIEMIAN SHEJI YU ZHIZUO
作　　者	主　编 赵　娟 副主编 刘　蘅　秦　洁
出版发行	中国水利水电出版社 （北京市海淀区玉渊潭南路 1 号 D 座　100038） 网址：www.waterpub.com.cn E-mail：mchannel@263.net（万水） 　　　　sales@waterpub.com.cn 电话：（010）68367658（营销中心）、82562819（万水）
经　　售	全国各地新华书店和相关出版物销售网点
排　　版	北京万水电子信息有限公司
印　　刷	三河市鑫金马印装有限公司
规　　格	184mm×260mm　16 开本　16 印张　370 千字
版　　次	2021 年 11 月第 1 版　2021 年 11 月第 1 次印刷
印　　数	0001—3000 册
定　　价	45.00 元

前　言

在"互联网+"时代，人们日常生活各领域都离不开网络平台的使用，WUI（Web 用户界面）显得尤为重要。本书作者瞄准市场对 Web 用户界面设计制作相关岗位的能力分解要求，一方面面向高职院校相关课程教学，另一方面面向 WUI 设计爱好者的自主学习，教材内容设计以项目为引领，以任务为导向，融合多项常用技术，强调了学习者动手能力的循序渐进培养，内容系统全面、清晰易懂、实用性强。

本书特色如下：

- **技术融合，体现工作流程**：设计"设计入门+内容制作+素材处理+元素设计+动画导入+前端样式"6 大项目，展现融合多种软件完成 WUI 的流程、步骤、技术、方法。
- **素技并重，体现岗位需求**：归纳"知识+技能+标准"的 20 个工作任务，全面覆盖 Web 用户界面设计与制作技术，不断增强学习者的岗位意识。
- **阶梯递进，体现训练过程**：拓展"知识解析+任务实现+学习小测"3 个环节，构建融合互通的工作任务体系，不断增强学习者综合能力。
- **实时客观，体现效果反馈**：面向"知识测试+技术实战"2 个角度，开展客观全面、自主测评的学习反馈，不断促进学习者查缺补漏。
- **总览分析，体现学习思路**：设置"知识导图+任务描述"，帮助学习者梳理学习思路，不断提升学习兴趣与学习效率。
- **资源齐备，体现学习辅助**：配备"电子课件+任务资源+完整代码+自测标答"，为学习者提供有效的学习辅助。

本书从设计入门、内容制作、素材处理、元素设计、动画导入、前端样式 6 个项目进行设计，共包括 20 个典型任务。项目 1（Web 用户界面设计入门）从认识 Web 用户界面入手，主要讲解了常用名词、主流设计软件、WUI 设计师的必备技能、HTML 文档的基本结构。项目 2（页面内容的设计与制作）从创建本地站点入手，主要讲解了管理站点、简单静态网页的制作、用表格排版网页、表单的使用。项目 3（素材图像的调整与修饰）从常用图片格式入手，详细讲解了图片的修复与调整、图像的抠取调整、图层工具在网页制作中的使用。项目 4（页面元素的设计与制作）从认识 logo 入手，主要讲解了 logo 和 banner设计要素、logo 和 banner 的分类、按钮和导航的设计制作。项目 5（简单动画的设计与制作）从认识 Flash 动画入手，主要讲解了自定义工作界面及测试影片、编辑图形对象及外部素材、典型动画分类及设计制作。项目 6（页面布局的优化与处理）从 CSS 样式概述入手，主要讲解了样式文件的定义和使用、常用的样式实现、网页整体布局实现。

本书作者团队由校企两方共同组成，长期从事 Web 用户界面设计与制作一线教学工作，同时具备丰富的项目制作经验，多年来团队教科研成果突出。

本书是一本 Web 用户界面设计与制作指南，信息量大、资源丰富，既可以作为高职高专院校相关课程的专用教材和学习辅导书，同时也是 WUI 设计爱好者的必备参考书。

本书由赵娟任主编，负责全书的统稿、修改、定稿工作，刘蘅、秦洁任副主编。主要编写人员分工如下：李鑫平编写了项目 1 和项目 5 的任务 2，赵娟编写了项目 2 和项目 5 的任务 1，刘蘅编写了项目 3，王晓卓编写了项目 4 和项目 5 的任务 3，秦洁编写了项目 5 任务 1 的任务实现部分，杜海颖编写了项目 6。

本书虽然倾注了作者的心血，但由于编写水平有限，书中难免有疏漏之处，恳请各位读者和专家批评指正。

编　者
2021 年 8 月

目　　录

前言

项目 1　Web 用户界面设计入门·················1

　　任务 1　认识 Web 用户界面·················2

　　任务 2　Web 用户界面的后台表现·················10

项目 2　页面内容的设计与制作·················19

　　任务 1　创建本地站点·················20

　　任务 2　简单静态网页的制作·················33

　　任务 3　用表格排版网页·················52

　　任务 4　网页中表单的使用·················63

　　任务 5　使用 HTML 辅助 Dreamweaver

　　　　　　设计制作网页元素·················76

项目 3　素材图像的调整与修饰·················83

　　任务 1　图像素材的基础处理·················84

　　任务 2　图像的抠取调整·················116

　　任务 3　图层工具的使用·················127

项目 4　页面元素的设计与制作·················135

　　任务 1　logo 设计制作·················136

　　任务 2　banner 设计制作·················143

　　任务 3　按钮设计制作·················157

　　任务 4　导航栏设计制作·················164

项目 5　简单动画的设计与制作·················173

　　任务 1　快速体验动画制作流程·················174

　　任务 2　编辑图形对象及外部素材·················182

　　任务 3　典型动画分类及设计制作·················199

项目 6　页面布局的优化与处理·················216

　　任务 1　样式文件的定义和使用·················217

　　任务 2　网页常用的样式实现·················224

　　任务 3　网页整体布局实现·················233

参考文献·················250

项目 1　Web 用户界面设计入门

项目描述

　　UI 设计涉及的领域很多，Web 用户界面设计是其中的一部分。本项目从 UI 设计的定义、常用名词、分类、网页、网站等基础知识入手，着重介绍 Web 用户界面设计的技术特点及后台表现。在此基础上通过专题实训，使读者了解 UI 设计师必备技能，初步掌握制作 W3C 标准的 HTML 5 网页的方法。本项目通过 UI 设计知识的引入，要求读者了解什么是 Web 用户界面设计，重点掌握网页的制作过程，体会各标记及属性设置对网页呈现效果的影响，为后面的学习打下基础。

学习目标

- 了解 Web 用户界面设计
- 理解 UI 设计师必备技能
- 掌握 HTML 基本结构
- 掌握元素、标记和属性的使用方法

知识导图

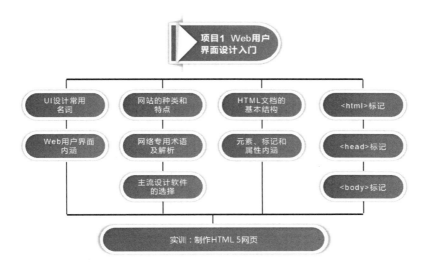

任务1 认识 Web 用户界面

任务描述

本任务主要讲解 Web 用户界面设计的定义与基本知识，涉及的知识点主要有 UI 设计的定义、常用名词、分类、网页等，在此基础上通过实训 "WUI 设计师的必备技能"，使初学者厘清成为 WUI 设计师需要的技能。本任务通过 UI 设计的知识引入，要求读者掌握WUI（网页用户界面）的基本术语、涉及的开发工具及网页、网站的相关知识。

知识解析

1. 什么是 UI 设计

UI 是一个广义的概念，通常意义上，UI 是 User Interface（用户界面）的缩写。UI设计是指对软件的人机交互、操作逻辑、界面美观的整体设计。即 UI 设计不仅包括视觉设计，还包括交互设计和用户体验设计。UI 设计包括很多类型，车载界面、系统界面、手机界面等都属于 UI 设计，如图 1-1-1～图 1-1-3 所示。

图 1-1-1 车载界面

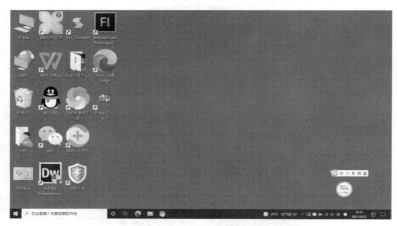

图 1-1-2 系统界面

图 1-1-3　手机界面

2. UI 设计常用名词（表 1-1-1）

表 1-1-1　常用名词

名词	解释
UI	是 User Interface 的缩写，即用户界面，它是一个比较广义的概念，手机界面、计算系统界面、各种软件界面都属于用户界面
GUI	是 Graphical User Interface 的缩写，即图形用户界面，它的主要功能是用户通过图形对象与计算机等电子设备进行人机交互，极大地方便了非专业用户的操作
WUI	是 Web User Interface 的缩写，即网页用户界面，它一般指网页设计，涉及到文本、表格、超链接和图片等内容
MMI	是 Man Machine Interface 的缩写，即人机界面，它是指进行移动通信的人与提供移动通信服务的手机之间的交互界面
HCI	是 Human-Computer Interaction 的缩写，即人机交互，人机交互界面一般是指用户可见的部分，例如，收音机的播放按键、飞机的仪表板等
UE/UX	是 User Experience 的缩写，即用户体验，它是指用户在使用产品的过程中建立起来的一种主观感受，针对同一产品，不同用户的主观感受可能不同
UCD	是 User Centered Design 的缩写，即以用户为中心的设计，它是指在产品的设计过程中优先考虑用户的需要和感受
UPA	是 Usability Professional's Association 的缩写，即可用性专业协会，它是一个提供国际交流网络平台的协会，致力于推动用户中心设计以及提升设计体验，推动工业产品的可用性发展
ISO	是 International Organization for Standardization 的缩写，即国际标准化组织，它是标准化领域中的一个国际性非政府组织，负责世界上绝大部分领域的标准化活动

3．UI 设计的分类

UI 设计的方向很多，从使用的终端设备来划分，可以分为 PC 端 UI 设计、移动端 UI 设计和其他端 UI 设计。

（1）PC 端 UI 设计。PC 端 UI 设计是指个人计算机界面的设计，例如，网页界面设计、在计算机中使用的软件界面设计等，如图 1-1-4、图 1-1-5 所示。

图 1-1-4　网页界面

图 1-1-5　软件界面

（2）移动端 UI 设计。移动终端是指能够在移动中使用的终端设备，一般此类设备在移动中具备通信的功能，体积小便于携带。随着互联网技术及集成电路技术的飞速发展，移动终端的功能越来越强大，种类越来越多样，在现阶段，移动端 UI 设计主要是指手机和平板电脑的界面设计，如图1-1-6、图1-1-7所示。

图1-1-6　手机系统界面

图1-1-7　平板电脑系统界面

　　（3）其他端UI设计。除了前两种比较流行的终端设备界面设计外，还有很多其他设备的界面设计，主要包括VR（Virtual Reality）、银行取款机、自助售票机、智能服务机器人等设备的UI设计，如图1-1-8～图1-1-11所示。

图 1-1-8　VR 设备界面

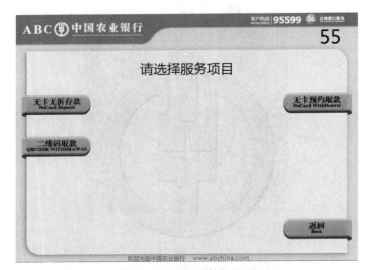

图 1-1-9　银行取款机界面

图 1-1-10　自助售票机界面

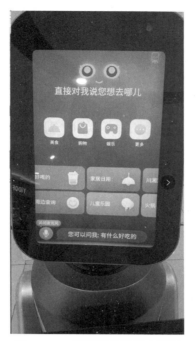

图 1-1-11　智能服务机器人界面

4. 什么是 Web 用户界面

Web 是指 World Wide Web，即全球广域网，也可以称为万维网，它是建立在互联网上的一种网络服务，为用户提供了图形化的、易于访问操作的界面，即一般所说的网页。

网页是一个包含 HTML 标记的纯文本文件，主要构成要素包括文本、图像、超链接和多媒体等。其中，文本是网页上重要的信息载体和交流工具，网页中的大部分信息都是以文本的形式显示。图像在网页上提供的信息比文本更加直观，具有较强的视觉效果。超链接是从一个网页指向一个特定目标的连接，这个特定目标可以是同一个网页的其他要素，比如文本、图片等，也可以是另一个网页。网页中的多媒体包含多种形式，最常见的有声音、动画、视频等要素，这些多媒体要素使得网页更加精彩，可以有效地吸引用户的注意力。

5. 网站的种类和特点

网站是多个相关网页的集合，根据网站的功能要求，这些网页展示特定的内容。用户可以通过浏览器来访问网站，以获得需要的信息或服务。根据网站主体性质不同可以大致分为政府网站、教育网站、商业网站、个人网站等。

（1）政府网站。政府网站是我国各级政府机关履行职能、面向社会提供服务的官方网站，是政府机关实现政务信息公开、服务企业和社会公众、互动交流的重要渠道。一般政府门户网站主要是向全社会宣传和展示政府形象及与社会公众密切相关的事务，最重要的特点是权威性。

（2）教育网站。教育网站是指提供教学、招生、学校宣传、科学研究的网站，具有较为明确的教育性和科学性。

（3）商业网站。商业网站是指以盈利为目的的网站。企业类网站、购物类网站等都属于商业网站。设计商业网站先要考虑网站的定位，以确定其功能和规模，提出基本需求。例如，企业类网站需要根据企业的特点和要求进行设计，主要内容包括企业文化、新闻资讯、产品信息、联系方式等。购物类网站则要以目标消费者为中心，充分考虑其心理需求、行为习惯等特点，设计出更有利于实现交易的网站。

（4）个人网站。个人网站是指个人在互联网上创建的具有独立空间域名的网站，没有特定的限制，形式多样，内容可以是各种自己想要公开的资讯，如个人简历、作品、推荐文章等。

6. 网络专用术语及解析

- HTML 是 HyperText Markup Language 的缩写，即超文本标记语言，它包括一系列的标记，通过这些标记可以统一网络上的文档格式，使分散的互联网资源连接成一个逻辑整体。

- URL 是 Uniform Resource Locator 的缩写，即统一资源定位系统，用于指定万维网服务程序上信息位置的表示方法，一般也可以称为网址，例如，百度百科网页的网址是 https://baike.baidu.com。

- IP 是 Internet Protocol Address 的缩写，它是 IP 协议（IP 协议是为计算机网络相互连接进行通信而设计的协议）提供的一种统一的地址格式，它为互联网上的每一个网络和主机分配一个逻辑地址，以此来屏蔽物理地址的差异。每个主机都只分配一个 IP 地址，并以此作为该主机在互联网上的唯一标识。

- DNS 是 Domain Name System 的缩写，即域名系统。域名是由一串用点分隔的名字组成的，用来表示一个单位、机构或个人在互联网上确定的名称或位置。IP 地址和域名是一一对应的，域名系统是用来管理 IP 地址和域名对应关系的系统。

- HTTP 是 Hypertext Transfer Protocol 的缩写，即超文本传输协议，它是一个用于客户端和服务器间请求和应答的协议，说明了在网络上交换信息的规则。

- W3C 是 World Wide Web Consortium 的缩写，即万维网联盟，它是 Web 技术领域最具权威和影响力的国际中立性技术标准机构。

- 网络带宽是 Network Bandwidth，是指在单位时间（一般为 1 秒）内可以传输的数据量，带宽越大，数据传输越快。

7. 主流设计软件

（1）Photoshop。Photoshop 是由 Adobe 公司开发和发行的图像处理软件，简称为 PS。它主要处理以像素构成的图像，图形、文字、视频等方面也有所涉及。PS 广泛应用于平面设计、影像创意等领域，擅于处理图像，而不是图形创作。

（2）Dreamweaver。Dreamweaver 是 Adobe 公司旗下的网页制作软件，简称 DW。它是制作网页和管理网站的网页代码编辑器，它使用所见即所得的接口，利用其对 HTML、CSS、JavaScript 等内容的支持，使用者可以快速制作网页，建设网站。

（3）Flash。Flash 是 Adobe 公司推出的一款优秀的动画软件，作为一款多媒体二维动画制作软件，同时也是一种交互式动画制作工具，Flash 可以将文字、图片、音乐、影片剪辑融汇在一起，制作出精美的动画。它以流式控制技术和矢量技术为核心，制作的动画具有短小精悍的特点，广泛应用于网页动画的设计中，已成为当前网页动画设计最为流行的软件之一。

（4）WebStorm。WebStorm 是 JetBrains 公司旗下一款 JavaScript 开发工具，它支持 JavaScript、ECMAScript 6、TypeScript、CoffeeScript 等语言框架，是非常强大的 Web 前端开发工具。

任务实现

实训：WUI 设计师的必备技能

1. 成果预期

WUI 设计师在国内的发展还处于起步阶段，就业岗位缺口很大，涉及应用产品设计、游戏软件、广告设计等多个领域，需要学习的知识多且杂。在学习过程中，如何取舍技能知识，对于初学者来说存在一定的困难。在本实训中，依据 WUI 界面设计的定义，列举三个 WUI 设计师的必备技能，帮助初学者厘清困惑，从而成为一名真正的 WUI 设计师，实现职业化之路。

2. 过程实施

WUI设计是指对软件的人机交互、操作逻辑、界面美观的整体设计，因此，WUI 设计师不仅需要具备视觉设计能力，还需要具备交互设计和用户体验设计的能力。

- 视觉设计。视觉设计是针对眼睛功能的主观形式的表现手段和结果，是把用户想传达的信息和想法变得具象可见。在 WUI 设计中，包括网页、手机系统界面及 APP 界面等各种应用的视觉设计。在进行视觉设计时，首先要掌握基本的开发工具，例如 Photoshop；其次还需要具备一定的画图能力；最后审美能力也是不可或缺的，提高审美能力是做出优秀作品的重要前提。

- 交互设计。在 WUI 设计中，交互设计是指用户与界面之间的交互设计，包括界面的布局、操作、流程等设计。交互设计的目的是实现用户与产品之间的良性互动，帮助用户更为顺畅地使用产品，同时让产品更符合用户的需求。在进行交互设计时，首先要掌握交互设计原则、规范等基础知识；其次要充分了解产品市场，从交互角度出发，搜集、整理、分析市场数据，找到合适的切入点；最后要学会换位思考，充分理解用户的需求，与用户保持良好的沟通。

- 用户体验设计。用户体验是指用户在使用产品的过程中建立起来的一种主观感受，针对同一产品，不同用户的主观感受可能不同。用户体验设计是一种以用户体验为中心的设计，即在产品的设计过程中优先考虑用户的需要和感受。在进行用户体验设计时，首先要能够精准地选择用户，以产品的主要目标用户作为中心；其次同样是需要具有良好的调研、数据分析及沟通理解能力。

学习小测

1. 知识测试

请完成以下单项选择题

（1）超文本传输协议是（　　　）。

    A．TCP   B．UDP   C．HTTP   D．IP

（2）通常所说的"网址"是指（　　　）。

    A．IP 地址   B．URL   C．域名   D．HTTP

（3）下列选项中，（　　　）是用户体验的缩写。

    A．MMI   B．UE   C．HCI   D．UED

（4）常用的图像处理软件是（　　　）。

    A．Photoshop   B．Dreamweaver

    C．Flash   D．WebStorm

（5）（　　　）技能不是 WUI 设计师必须掌握的。

    A．视觉设计   B．交互设计

    C．原型设计   D．用户体验设计

请完成以下判断题

（1）运动手环界面属于 UI 设计。   （　　　）

（2）UI 设计是指对软件的人机交互、操作逻辑和界面美观的整体设计。   （　　　）

（3）UCD 是人机交互。   （　　　）

2. 技术实战

主题：UI 设计未来新领域

要求：请根据技术及需求等方面的发展，通过网络调查等多种形式完成 UI 设计现有应用领域的全面调查，汇总各领域应用特点，预测并阐述 UI 设计未来的新领域。

任务 2　Web 用户界面的后台表现

任务描述

本任务主要讲解 HTML 语言的特点及设计制作 W3C 标准的 HTML 5 网页的基本方法，涉及的知识点主要有 HTML 的发展历程、标记、属性、文档的基本结构等，在此基础上通过"制作 HTML 5 网页"实训，使读者初步掌握使用工具 Dreamweaver CS6 设计制作网页的方法。本任务通过 HTML 的知识引入，要求读者了解 W3C 标准的 HTML 5 网页的制作过程，体会各标记及属性设置对网页呈现效果的影响，为后面的学习打下基础。

知识解析

1. HTML 概述

HTML（HyperText Markup Language），即超文本标记语言是一种用于创建网页的标准标记语言。它既是标准通用化标记语言 SGML 下的一个应用，又是一种规范和标准，它提供了很多标记，通过这些标记可以将影像、声音、图片、文字、动画等内容显示出来。

HTML 自 20 世纪 90 年代初创立以来，经历了多个版本的更迭，新增加了很多标记，也淘汰了一些标记，具体的版本变化如下。

- HTML1.0——在 1993 年 6 月作为互联网工程工作小组（IETF）工作草案发布。
- HTML 2.0——1995 年 11 月，RFC 1866 发布。
- HTML 3.2——1997 年 1 月 14 日，W3C 发布推荐标准。
- HTML 4.0——1997 年 12 月 18 日，W3C 发布推荐标准。
- HTML 4.01——1999 年 12 月 24 日，W3C 发布推荐标准。
- HTML 5——2014 年 10 月 28 日，W3C 发布推荐标准。

HTML 5 是 HTML 的最新版本，它是对 HTML 和 XHTML 的继承及发展，增加了很多的新功能，同时也兼容前面版本中的标记。

2. 标记和属性

（1）标记。在 HTML 文档中，由一对尖括号"< >"包裹起来的编码命令即为 HTML 标记，不同的编码命令表示不同的功能。HTML 标记是 HTML 语言中最基本的单位，根据类型不同，可以使用单标记和双标记。

①单标记是指使用一个标记符号就可以完整地描述一个功能的标记，其语法格式为：<标记名 />

例如，
即为单标记，用于表示换行的功能。

 在单标记中，标记名和符号"/"之间要包含一个空格。

②双标记是指由两个标记符号组成的标记，其语法格式为：<标记名>内容</标记名>

其中，前一个标记符号表示开始标记，后一个标记符号表示结束标记，两个标记在形式上的区别只是结束标记在标记名前多了一个符号"/"。

例如，<p>我是双标记</p>即为双标记，用于表示文本的段落，其中<p>表示段落的开始，</p>表示段落的结束，两个标记之间的文字——"我是双标记"表示段落的内容。

从开始标记到结束标记的所有代码称为 HTML 的元素，它以开始标记为起始，以结束标记为终止，元素的内容就是开始标记与结束标记之间的内容。HTML 元素中可以没有内容即空元素，也可以包含其他的元素即嵌套元素。

 HTML 标记对英文字母的大小写不敏感，
和
表示相同的功能，但是万维网联盟（W3C）推荐使用小写英文字母。

（2）属性。HTML 元素的属性可以为元素添加相应的附加信息，用户能够根据需要更加灵活地使用元素，从而使网页产生不同的效果。一般属性在开始标记中进行描述，总是以名称/值对的形式出现。

例如，align 属性是用于设置对齐方式，它对应的值包括：left，center 和 right，其中 left 表示左对齐（默认值），center 表示居中对齐，right 表示右对齐。多个标记都可以设置这个属性，以段落标记<p>为例，其语法格式如下：

段落内容

其中，align 属性是段落标记<p>的可选属性，如果不设置该属性时，段落内容的对齐方式默认为左对齐，如果设置该属性，段落内容的对齐方式则以引号中的属性值为准。

 一般应该用引号将属性值包裹起来，双引号或单引号都可以，在 HTML 5 中，属性值可以不带引号。属性和属性值对大小写不敏感，但是万维网联盟（W3C）推荐使用小写英文字母。

3. HTML 文档的基本结构

HTML 作为一种标准标记语言，具有一定的语法规则，从而 HTML 文档有特定的基本结构，如图 1-2-1 所示，主要包括文档类型声明、<html>标记、<head>标记和<body>标记等。

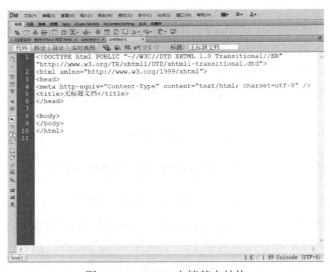

图 1-2-1　HTML 文档基本结构

图 1-2-1 中的代码比较复杂，在 HTML 5 中，对文档的基本结构文档类型声明、<html>标记和<meta>标记进行了简化，充分体现了 HTML 5"化繁为简"的特点，如图 1-2-2 所示。

①<!DOCTYPE>标记。<!DOCTYPE>标记是文档类型声明，即向浏览器声明当前文档使用哪种 HTML 或者 XHTML 的标准规范。例如，图 1-2-1 中的文档使用的是 XHTML 1.0 过渡型 XHTML 文档。<!DOCTYPE>标记必须位于文档中的第一行，这样，浏览器才能按照指定的文档类型进行解析。

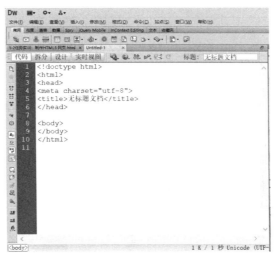

图 1-2-2　HTML5 文档基本结构

②<html></html>标记。<html></html>标记是根标记，位于<!DOCTYPE>标记的后面。根标记的作用是向浏览器表明文档是一个 HTML 文档，整个文档以<html>标记为开始，以</html>标记为结束，二者之间的部分是文档的全部内容。

③<head></head>标记。<head></head>标记是文档的头部元素，以<head>标记为开始，以</head>标记为结束，用于定义文档的概要信息，位于<html>标记的后面。在头部元素中可以添加<title>，<style>，<meta>，<link>，<script>等标记。

- <title>标记定义了 HTML 文档的标题，该标题会在以下情况中进行显示，一是浏览器标题栏中显示的标题，二是收藏夹中网页的标题，三是在搜索引擎结果页面显示的标题。例如：<title>我的网页</title>。

- <meta>标记用于指定网页的描述、关键词、文档的作者、最后修改时间等信息，这些信息不会在页面中显示，但是浏览器可以进行解析。例如：<meta charset="utf-8">，表示文档中使用的字符编码是 utf-8。

④<body></body>标记。<body></body>标记是文档的主体标记，以<body>标记为开始，以</body>标记为结束，浏览器中显示的文本、超链接、图像、表格、列表等所有内容都包含在这部分中。

一个 HTML 文档只能包含一个<body></body>标记，位于</head>标记之后，</html>标记之前。

任务实现

实训：制作 HTML 5 网页

制作 HTML 5 网页

1. 成果预期

在网页制作过程中，直接使用 HTML 语言制作网页对于初学者来说存在一定的困难，通常可以选择一些便捷的工具进行辅助。在本实训中，选择 Dreamweaver 工具辅助初学者来完成网页制作，要求学习者在初步认识 HTML 文档基本结构的基础上，重点掌握 Dreamweaver 工具的使用方法，完成 HTML 5 网页的设计制作。

2. 过程实施

（1）认识软件。启动 Dreamweaver CS6 软件，进入软件界面，如图 1-2-3 所示。

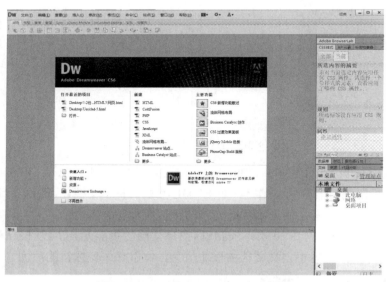

图 1-2-3　Dreamweaver CS6 启动界面

（2）新建文档。单击启动界面中的"更多"按钮，如图 1-2-4 所示，或者选择"文件→新建"命令，会弹出"新建文档"对话框，在"文档类型"下拉列表框中选择"HTML 5"，如图 1-2-5 所示，单击"创建"按钮，就可以新建一个 HTML 5 文档，单击文档工具栏中的"代码"视图按钮，切换至代码状态，如图 1-2-6 所示。

图 1-2-4　新建文档

图 1-2-5 "新建文档"对话框

图 1-2-6 空白的 HTML 5 文档

（3）添加代码。在<title> 标记中修改 HTML 5 文档的标题，如图 1-2-7 所示。在
<body></body>标记中添加浏览器中显示的文本内容，如图 1-2-8 所示，其中，段落标记
<p></p>中的内容是网页中显示的文本内容；align 是段落标记<p>的属性，设置文本的对齐
方式；<hr />是一个单标记，用于定义一条水平线。

（4）保存文档。选择"文件→保存"命令，或者按 Ctrl+S 组合键，可以保存文档。
如果文档是第一次进行保存，则会弹出"另存为"对话框，如图 1-2-9 所示，设置文档名、
保存位置等信息后，单击"保存"按钮即可完成保存操作。

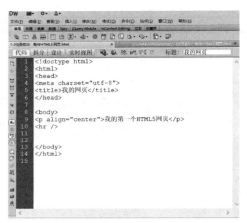

图 1-2-7 文档标题代码

图 1-2-8 文档主体代码

图 1-2-9 "另存为"对话框

（5）效果预览。保存文档后，单击"在浏览器中预览/调试"按钮，如图 1-2-10 所示，或者直接双击文档打开，或者按快捷键 F12，即可在浏览器中预览网页效果，如图 1-2-11 所示。

图 1-2-10　预览/调试文档

图 1-2-11　预览效果

学习小测

1. **知识测试**

请完成以下单项选择题

（1）下面标记中，表示换行的标记是（　　）。

  A．\<h1>   B．\<enter>   C．\
   D．\<hr />

（2）位于 HTML 文档的最前面，用于向浏览器说明当前文档使用哪种 HTML 或 XHTML 标准规范的标记是（　　）。

  A．\<!DOCTYPE>   B．\<head>\</head>

  C．\<title>\</title>   D．\<html>\</html>

（3）下面标记中，用来显示段落的标记是（　　）。

  A．\<h1>   B．\
   C．\<img />   D．\<p>

（4）下面选项中，可以将 HTML 页面的标题设置为"HTML 5 网页"的是（　　　）。

    A．<head> HTML 5 网页</head>　　　　B．<title> HTML 5 网页</title>

    C．<h> HTML 5 网页</h>　　　　　　D．<t> HTML 5 网页</t>

（5）下列标记中用于定义 HTML 文档所要显示内容的是（　　　）。

    A．<head></head>　　　　　　　　B．<body></body>

    C．<html></html>　　　　　　　　D．<title></title>

请完成以下判断题

（1）<html>标记标志着 HTML 文档的开始，</html>标记标志着 HTML 文档的结束。

                 （　　　）

（2）<!DOCTYPE>标记和浏览器的兼容性无关，为了代码简洁，可以删掉。（　　　）

（3）一个 HTML 文档只能含有一对<body>标记，且<body>标记必须在<html>标记内。

                 （　　　）

2．技术实战

主题：制作简单的 HTML 5 网页

要求：正确使用 HTML 结构，制作一个简单的 HTML 5 网页。可使用 Dreamweaver CS6 辅助完成。最终效果可参照图 1-2-12 所示。

图 1-2-12　参考效果

项目 2　页面内容的设计与制作

项目描述

　　Web 页面制作的工具有很多，目前使用最广泛的就是 Adobe Dreamweaver。该软件不仅在站点、页面设计、编辑和开发方面表现出色，还在整合和易用性方面更加贴近用户。本项目将从创建本地站点入手，从添加文本、图像、超链接、HTML 的有效补充这几方面向读者介绍使用 Dreamweaver 设计与制作 Web 页面内容的必备知识，在此基础上通过专题实训，使读者全面掌握使用 Dreamweaver 排版 Web 页面的方法与技巧。本项目通过用表格排版网页的知识引入，要求读者重点掌握排版页面的几种方法以及 HTML 与 Dreamweaver 的有效配合。

学习目标

- 了解 Dreamweaver 软件界面，掌握创建本地站点的方法
- 掌握在页面中编辑文本、图像、超链接的方法与技巧
- 掌握排版 Web 页面的方法
- 掌握 HTML 与 Dreamweaver 的配合使用方法

知识导图

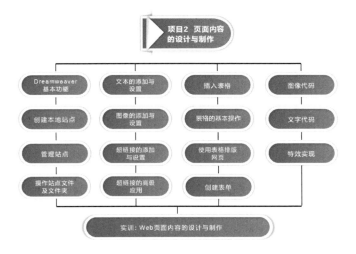

任务 1　创建本地站点

任务描述

本任务主要讲解 Dreamweaver 软件的基本使用方法以及使用站点管理网站的方法与技巧，涉及的知识点主要有 Dreamweaver 主要功能、创建站点、管理站点、应用站点等，在此基础上通过"创建并设置学生站点"实训，使读者全面掌握使用站点管理网站的方法与技巧。本任务通过 Dreamweaver 主要功能的知识引入，要求读者重点掌握站点的建立、管理、应用技术。

知识解析

1. 认识 Dreamweaver

Adobe Dreamweaver，简称 DW，中文名称"梦想编织者"，最初为美国MacroMedia公司开发，2005 年被Adobe公司收购。

Dreamweaver 是集网页制作和网站管理于一身的"所见即所得"的网页编辑软件，它利用对HTML、CSS、JavaScript等内容的支持，使得设计师和程序员可以在几乎任何地方快速制作和进行网站建设。

目前使用比较普遍的是 Dreamweaver CS6，它以强大的功能和友好的操作界面备受广大网页设计者的欢迎，已经成为网页制作的首选软件。Dreamweaver CS6 的工作界面主要由菜单栏、文档窗口、属性面板和面板组等部分组成，如图 2-1-1 所示。

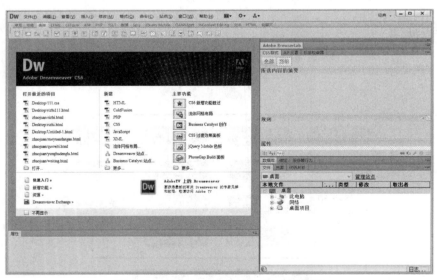

图 2-1-1　Dreamweaver CS6 的工作界面

（1）常用菜单命令。菜单栏包括"文件""编辑""查看""插入""修改""格式""命令""站点""窗口"和"帮助"10 个菜单，如图 2-1-2 所示。

图 2-1-2　菜单命令

①"文件"菜单：用来管理文件，包括创建和保存文件、导入与导出文件、浏览和打印文件。

②"编辑"菜单：用来编辑文本，包括撤销与恢复、复制与粘贴、查找与替换、参数设置和快捷键设置等。

③"查看"菜单：用来查看对象，包括代码的查看、网格线与标尺的显示、面板的隐藏和工具的显示等。

④"插入"菜单：用来插入网页元素，包括插入图像、多媒体、表格、布局对象、表单、电子邮件链接、日期和 HTML 等。

⑤"修改"菜单：用来实现对网页元素修改的功能，包括页面属性、CSS 样式、快递标签编辑器、链接、表格、框架、AP 元素与表格的转换、库和模板等。

⑥"格式"菜单：用来对文本进行操作，包括字体、字形、字号、字体颜色、HTML/CSS 样式、段落格式化、扩展、缩进、列表、文字的对齐方式等。

⑦"命令"菜单：收集了所有的附加命令，包括记录、编辑命令清单、获得更多命令、扩展管理、扩展管理、清除 HTML/Word HTML、检查拼写和排序表格等。

⑧"站点"菜单：用来创建与管理站点，包括新建站点、管理站点、上传与存回和查看链接等。

⑨"窗口"菜单：用来打开与切换所有的面板和窗口，包括插入栏、"属性"面板、站点窗口和"CSS"面板等。

⑩"帮助"菜单：内含 Dreamweaver 帮助、Spry 框架帮助、Dreamweaver 支持中心、产品注册和更新等。

（2）文档工具栏。文档工具栏中包含"代码"视图、"拆分"视图、"设计"视图、"实时视图"等按钮，这些按钮可以在文档的不同视图之间快速切换，文档工具中还包含一些查看文档、在本地和远程之间传输文档有关的常用命令和选项，如图 2-1-3 所示。

图 2-1-3　文档工具栏

①视图选择：共有三种模式。显示"代码"视图，只在"文档"窗口中显示"代码"视图。显示"拆分"视图，将"文档"窗口拆分成"代码"视图和"设计"视图。显示"设计"视图，只显示界面设计效果。

②"实时视图"：显示浏览器用于执行该页面的实际代码。

③"多屏幕"：该版本软件支持多终端显示，因此"多屏幕"就为网页设计者提供了多种尺寸选择。如图 2-1-4 所示。以其中的第一个选项"多屏预览"为例，可以让用户看到

同一界面在不同终端的显示效果。如图 2-1-5 所示。

图 2-1-4 "多屏幕"按钮下拉列表

图 2-1-5 "多屏预览"显示效果

④ "在浏览器中预览/调试"：允许在浏览器中预览和调试文档。可从下拉菜单中选择一个浏览器。

⑤ "文件管理"：显示"文件管理"下拉菜单。如图 2-1-6 所示。

⑥ "W3C 验证"：可以设置 W3C 程序的命令，用来标识是否符合 W3C 标准。

⑦ "检查浏览器兼容性"：显示"检查浏览器兼容性"下拉菜单，如图 2-1-7 所示。选择其中的"检查浏览器兼容性"，就会在"属性"面板下方显示检查结果，如图 2-1-8 所示。

图 2-1-6　"文件管理"下拉菜单　　　　图 2-1-7　"检查浏览器兼容性"下拉菜单

图 2-1-8　"检查浏览器兼容性"结果

⑧ "可视化助理"：显示"可视化助理"下拉菜单，如图 2-1-9 所示。

图 2-1-9　"可视化助理"下拉菜单

⑨ "标题"：允许为文档输入一个标题，它将显示在浏览器的标题栏中。如果文档已经有了一个标题，则该标题将显示在该文档中。

（3）"插入"工具栏。"插入"工具栏中放置的是网页制作过程中经常用到的对象和工具，通过"插入"工具栏可以很方便地插入网页对象，包含"常用""布局""表单""数据""Spry""jQuery Mobile""InContext Editing""文本""收藏夹"选项卡，如图 2-1-10 所示。

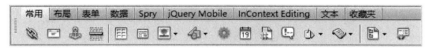

图 2-1-10　插入工具栏

（4）浮动面板组。Dreamweaver 中的面板可以自由组合成面板组。每个面板组都可以展开和折叠，并且可以和其他面板组合并放置在一起，或者取消合并。面板组还可以放置到集成的应用程序窗口中，这样就能够很容易地访问到所需要的面板，而不会使工作区变得混乱，如图 2-1-11 所示。

图 2-1-11　浮动面板组

（5）"属性"面板。"属性"面板主要用于查看和更改所选对象的各种属性，每种对象都具有不同的属性。在"属性"面板包括两种选项，一种是"HTML"选项，将默认显示文本的格式、样式和对齐方式等属性，另一种是"CSS"选项，可以设置 CSS 各种属性。如图 2-1-12、图 2-1-13 所示。

图 2-1-12　"属性"面板"HTML"选项

图 2-1-13　"属性"面板"CSS"选项

2. 创建站点

在制作网页的时候，需要把所有的站点文件保存在站点根目录下，因此一个本地站点需要一个名字和一个根文件夹。创建一个本地站点的操作如下。

（1）选择"站点→管理站点"命令，打开"管理站点"对话框，如图 2-1-14 所示，其中列出了已经存在的站点，可以对其进行编辑，也可以新建站点。

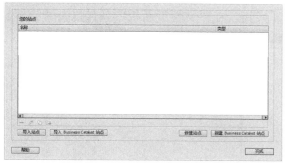

图 2-1-14 "管理站点"对话框

（2）单击"新建站点"按钮，从弹出的菜单中选择"站点"，打开"新建站点"对话框，如图 2-1-15 所示。

图 2-1-15 "新建站点"对话框

（3）设置站点名，指定根文件夹，如图 2-1-16 所示。单击"保存"按钮，站点生成，如图 2-1-17 所示。

图 2-1-16 设置站点名和根文件夹

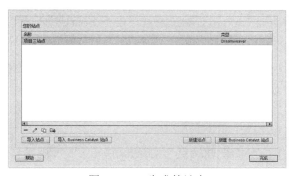

图 2-1-17 生成的站点

（4）单击"完成"按钮，在"文件"面板中就可以查看到新建站点的信息了，如图
2-1-18 所示。

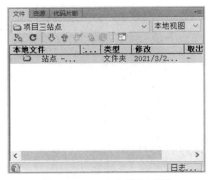

图 2-1-18　"文件"面板

3．管理站点

有时不可避免地要管理多个网站，因此多站点的管理也是我们要掌握的内容。在
Dreamweaver 中的"管理站点"对话框就提供了这些功能，通过它可以实现站点的切换、
添加、删除等操作。

选择"站点→管理站点"命令，打开"管理站点"对话框，可以新建、编辑、复制、
删除、导入和导出站点，如图 2-1-19 所示。

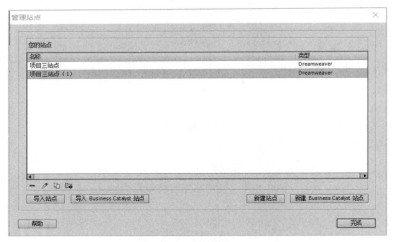

图 2-1-19　"管理站点"对话框

（1）站点之间的切换。如果要在"文件"面板中显示其他站点的名称，可以先在"管
理站点"对话框中选中要显示的站点，然后单击"完成"按钮。

另外，在"文件"面板顶部的下拉列表框中选择要切换到的站点，也可以在站点之间
切换，如图 2-1-20 所示。

（2）站点常规操作。在"管理站点"对话框中有三项常规操作：删除、编辑、复制，
分别对应三个按钮，如图 2-1-21 所示。

图 2-1-20　在"文件"面板选择要切换到的站点　　　　图 2-1-21　站点常规操作按钮

"删除"按钮功能是如果不需要使用 Dreamweaver 中的某一站点，可以从站点列表中将该站点删除。"编辑"按钮功能是选中要编辑站点的名称，然后单击"编辑"按钮，就可以重新打开站点定义对话框，修改选中站点的属性。"复制"按钮功能是复制站点，如果新建站点的设置和已经存在的某个站点的设置大部分相似，就可以使用复制站点的方法，在"管理站点"对话框中选中要复制的站点，然后单击对话框中的"复制"按钮，就可以产生一个新的站点。

小贴士　　删除站点只是从 Dreamweaver 中删除站点这一组织架构，根文件夹及其中的各类文件不会被删除。

（3）导出与导入站点。在日常的站点管理中，程序员经常要在不同的计算机上调试站点，此时，为了在不同的计算机中"无缝"迁移站点，不破坏站点中的文件地址和超级链接，就需要用到导出与导入功能。

假设一个场景，程序员在计算机 1 新建了一个站点，现在需要将此站点在另一台计算机 2 上进行调试。此时，程序员需要做的工作如下。

①在计算机 1 的 Dreamweaver 中先导出该站点，在站点根文件夹中生成该站点的"钥匙"——站点文件。

②将根文件夹拷贝到计算机 2。

③在计算机 2 的 Dreamweaver 中，根据"钥匙"导入该站点，就可以无缝对接了。

下面介绍一下导出和导入的具体操作步骤。

● 导出。在"管理站点"对话框中选择要导出的站点，单击"导出"按钮，如图 2-1-22 所示。对于要导出的站点，请选择要保存站点文件的位置，一般默认保存在根文件夹的根目录下，此时要注意保存文件类型为"*.ste"，如图 2-1-23 所示，单击"保存"按钮，随后单击"完成"按钮，在"文件"面板中就可以查看到相关信息了，如图 2-1-24 所示。

图 2-1-22　"导出"按钮

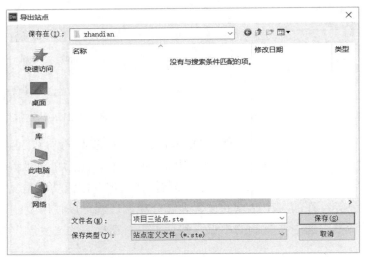

图 2-1-23 "导出站点"对话框

图 2-1-24 文件面板显示状态

站点文件*.ste 就是站点的"钥匙",有了这把"钥匙",才能完成后续的导入操作。

- 导入。在"管理站点"对话框中单击"导入站点"按钮,在弹出的对话框中,选择要导入站点的根文件夹并双击打开,选择根文件夹中的站点文件(*.ste),如图 2-1-25 所示,单击"打开"按钮,随后单击"完成"按钮,在"文件"面板中就可以查看到相关信息了。

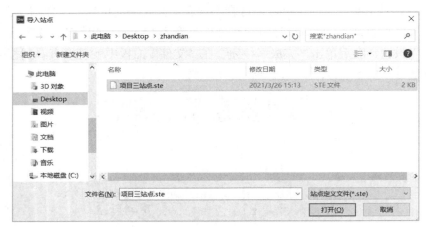

图 2-1-25 导入站点文件

4. 操作站点文件及文件夹

新建的站点中没有任何内容，要成为一个名副其实的站点还必须添加文件和文件夹，也就是要确定网站的文件目录结构。一般情况下，用户应当根据项目策划确定的内容，确定一级目录和二级目录的名称以及主要文件的文件名。

这样做的好处是在制作网页时方便制作链接，不至于没有文件可以链接，并且可以让制作者保持很清晰的设计制作思路。

创建目录结构可以在"文件"面板中的站点窗口进行，也可以单击"文件"面板中的"展开"按钮 ，打开站点管理器，如图 2-1-26 所示。

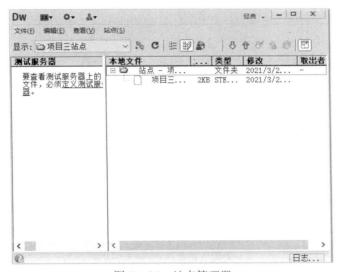

图 2-1-26　站点管理器

站点管理器左侧显示的是和远程站点相关的提示信息，右侧显示的是本地站点中的文件目录。

（1）创建一级目录。在站点根目录上右击，在打开的快捷菜单中选择"新建文件夹"命令，如图 2-1-27 所示。

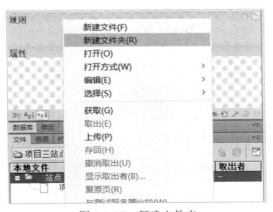

图 2-1-27　新建文件夹

此时将在站点管理器中创建一个空文件夹，默认文件名为 untitled，如图 2-1-28 所示。使用同样方法还可以在一级目录的基础上创建二级目录，如图 2-1-29 所示。

图 2-1-28　新建文件夹 untitled

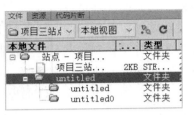

图 2-1-29　创建二级目录

（2）新建网页。有了文件夹就可以开始添加文件了。一般情况下先添加首页，首页是指浏览者在浏览器中输入网址时，服务器默认发送给浏览者的该网站的第一个网页。Dreamweaver 中默认的首页文件名为 index.html。

选中站点管理器中的根目录，然后在右键菜单中选择"新建文件"，将在站点的根目录下创建一个名为 untitled.html 的网页文件，如图 2-1-30 所示。

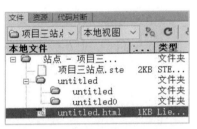

图 2-1-30　新建文件 untitled.html

（3）移动文件和文件夹。要移动文件的位置，如果直接在 Windows 资源管理器中移动，就有可能出现超级链接的损坏，在 Dreamweaver 中当用户移动文件时，它将自动检查所有与移动文件相关的链接，并对其进行修改。

移动文件和文件夹的操作和 Windows 资源管理器中的操作一样，只要拖拽文件或文件夹到相应的位置就可以了。

（4）删除文件和文件夹。进入站点管理窗口，用户可以删除不再需要的文件。在站点管理器中选中要删除的文件，按下 Delete 键，Dreamweaver 将开始自动检测站点缓存文件中的链接信息。

任务实现

实训：创建并设置学生站点

创建并设置学生站点

1. 成果预期

在 Web 界面设计中，关于站点的管理至关重要，对于初学者来说，学好站点管理，可以使后续的设计制作工作事半功倍。本任务在初步认识站点的基础上，重点是使学习者掌握站点建立与管理方法，为后续任务建立学生站点。

2. 过程实施

（1）新建根文件夹。在计算机中新建文件夹，将其命名为"学生姓名+学号"的形式，例如"wanggang01"。一般建议用英文字母和数字形式。

（2）新建站点。执行"站点→新建站点"命令，在打开的对话框中默认选中"站点"选项，在"站点名称"文本框中输入"学生站点"，设置根文件夹，单击"保存"，"文件"面板如图 2-1-31 所示。

（3）站点中新建文件夹和文件。在"文件"面板中选择站点"学生站点"，右击站点根文件夹，在弹出的快捷菜单中选择"新建文件夹"选项，新建一个文件夹并将其重命名为 image。再次右击站点根文件夹，在弹出的快捷菜单中选择"新建文件"选项，新建一个文件并将其命名为 index.html，如图 2-1-32 所示。

图 2-1-31　新建"学生站点"

图 2-1-32　站点管理

（4）导出站点。执行"站点—管理站点"命令，打开"管理站点"对话框，在列表框中选择"学生站点"，单击"导出"按钮，使用默认的*.ste 文件名，保存在默认的根文件夹下，完成导出操作，如图 2-1-33 所示。

图 2-1-33　导出站点设置

（5）效果预览。站点建设完毕，"文件"面板显示效果如图 2-1-34 所示。

图 2-1-34　"文件"面板显示效果

学习小测

1. 知识测试

请完成以下单项选择题

（1）将"文档"窗口拆分成"代码"视图和"设计"视图，可选择（　　　）。

　　A．代码视图　　　B．设计视图　　　　C．拆分视图　　　　D．实时视图

（2）"属性"面板包括 HTML 和（　　　）两个选项。

　　A．图像　　　　　B．CSS　　　　　　C．表格　　　　　　D．脚本

（3）站点是（　　　）的有效组织架构。

　　A．网页设计　　　B．管理站点文件　　C．网页脚本编程　　D．数据库

（4）导出站点操作可生成后缀为（　　　）的站点文件。

　　A．*.html　　　　B．*.css　　　　　C．*.ste　　　　　　D．*.doc

（5）导入站点的关键是（　　　）。

　　A．站点名称　　　B．根文件夹　　　　C．主页　　　　　　D．站点文件

请完成以下判断题

（1）Dreamweaver CS6 的工作界面主要由菜单栏、文档窗口、属性面板和面板组等部分组成。　　　　　　　　　　　　　　　　　　　　　　　　　　　　（　　　）

（2）文档工具栏中包含"代码"视图、"拆分"视图、"设计"视图等按钮。（　　　）

（3）Dreamweaver 是集网页制作和网站管理于一身的"非所见即所得"的网页编辑软件。　　　　　　　　　　　　　　　　　　　　　　　　　　　　　　（　　　）

2. 技术实战

主题：电商类站点——产品展示系列网页站点建立

要求：新建站点，要求站点名称和根文件夹命名贴近网站主题，在站点中要建立存放图片、音视频、动画的子文件夹，同时要建立主页。最终效果参考如图 2-1-35 所示。

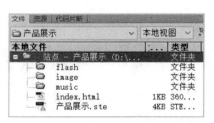

图 2-1-35　参考效果

任务 2　简单静态网页的制作

任务描述

本任务主要讲解使用 Dreamweaver 软件制作简单静态网页的方法与技巧，涉及的知识点主要有文件的管理、插入文本、插入图像、插入超级链接、特殊符号的使用等，在此基础上通过"制作古诗赏析网页"实训，使读者全面掌握制作静态网页的基本技术。本任务通过建立网页的知识引入，要求读者重点掌握插入网页基本元素的方法。

知识解析

1. 网页基本操作

在具体讲解网页的制作技术之前，先讲解一下网页的基本操作。

（1）创建网页。要在 Dreamweaver 中创建一个新的网页，选择"文件→新建"命令或按下 Ctrl+N 组合键即可。此时，Dreamweaver 会弹出"新建文档"对话框，如图 2-2-1 所示。

图 2-2-1　新建文档

在这个对话框中可以选择新建文件的类型，可以是空白页、空模板、流体网格布局或者模板中的页、示例中的页等。通常情况下选择"空白页"中的 HTML 后单击"创建"按钮，即可新建一个静态页面，如图 2-2-2 所示。

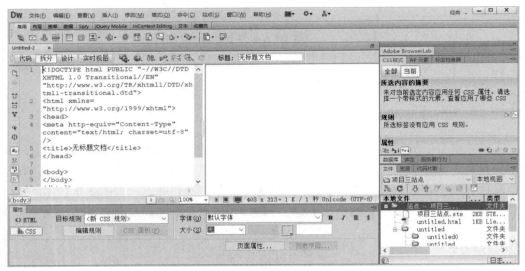

图 2-2-2　新建页面

新建页面的标题栏上显示文件的标题，一般是 Untitled，表示该文件是一个新建的文件，尚未保存。大多数情况下，所建立的新网页是添加到正打开着的 Web 站点上的。也可以建立一个新网页并另外保存它，以后再将它添加到其他的 Web 站点中去。

（2）打开和关闭网页。选择"文件→打开"命令，可在 Dreamweaver 中打开当前站点中的页面或是本地系统中的页面，甚至包括万维网中其他站点的页面。

①打开当前站点的文件。如果需要编辑的页面是当前站点的一部分，那么有两种方法来打开它：可以打开"文件"面板，找到该页面，双击即可；或者在 Dreamweaver 的文档窗口中选择"文件→打开"命令来打开它。

如果是打开本地文件系统的文件，选择"文件→打开"命令，然后选择相应的文件即可。

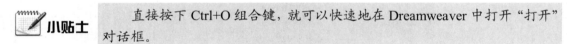

直接按下 Ctrl+O 组合键，就可以快速地在 Dreamweaver 中打开"打开"对话框。

对于选择的要打开的文件，Dreamweaver 编辑器首先试图把它看作是 HTML 文件来打开。如果文件是 Dreamweaver 能识别的，Dreamweaver 将不进行转换，并显示其中所有的元素；如果文件中包含 Dreamweaver 无法识别的 HTML 标记，Dreamweaver 仍将保留它们。

用户不仅可以打开由 Dreamweaver 建立的页面，还可以打开其他类型的文件，这样，在向站点添加新数据时可以有更多的选择。可以在 Dreamweaver 编辑器中打开的文件如下。

● HTML 文件（HTM，HTML）
● 服务器端包含文件（SHTM，SHTML）
● XML 文件（XML）
● Dreamweaver 的库文件（LBI）

- Dreamweaver 的模板文件（DWT）
- 样式表文件（CSS）
- 微软的服务器端脚本（ASP，ASP.NET）
- Java 的服务器端脚本（Java Server Pages，JSP）
- PHP 文件（PHP）
- Cold Fusion 模板文件（CFM）
- Fireworks 脚本（JSF）
- 文本文件（TXT）
- Lasso 文件（LASSO）

②打开最近使用过的文件。如果要打开最近打开过的文件，Dreamweaver 编辑器提供了一个简便的方法，就是在"文件→打开最近的文件"的命令中列出了最近打开过的文件名，只要单击其中的文件名即可，如图 2-2-3 所示。

图 2-2-3　打开最近使用过的文件

③从 Word 中导入文件。Dreamweaver 具有一个很大的优点，就是能利用来自 Microsoft Word 中的数据，这样可以节省不少时间。例如，如果在一个 Word 文件中有一些要用在站点页面上的材料，就无须在 Dreamweaver 中再建立它们。

使用 Word 文件中的材料的方法如下：先在 Word 中将文件保存为 HTML 文件，然后在 Dreamweaver 中选择"文件→导入→Word 文档"命令，即可导入 Word 文件。

（3）保存网页。在制作网页的过程中，随时可能发生断电或机器故障，由于 Dreamweaver 编辑器没有自动保存的功能，因此要经常保存网页。Dreamweaver 编辑器可以把网页直接保存到"文件"面板当前打开的站点中，也可以保存到本地磁盘中，还可以把网页保存为模板。

①保存为 HTML 文件。选择"文件→保存"命令，即可将当前文件保存。如果要保存 Dreamweaver 编辑器中所有打开的网页，则选择"文件→保存全部"命令。

②保存为模板。通常情况下，Dreamweaver 编辑器总是以 HTML 格式保存网页，如果要把网页保存为模板，可以选择"文件→另存为模板"命令，此时弹出"另存模板"对话框，如图 2-2-4 所示。

图 2-2-4 "另存模板"对话框

 　　　　保存文件时，尽量不用特殊字符作为文件或目录的名字，否则 Dreamweaver 可能不会识别。

2. 插入文字

Dreamweaver 中的文字操作与 Windows 操作系统下的大部分字处理软件中的操作类似。如果用过字处理软件，那么使用 Dreamweaver 时将不会有什么困难。

（1）直接输入文字。建立一个文件后，就可以向页面上添加各种元素。添加文字时只需直接输入既可。屏幕上输入的任何内容都能在浏览器中看到。与在字处理软件中一样，开始一个新段落时只需按下 Enter 键，然后输入第 2 行文字，效果如图 2-2-5 所示。

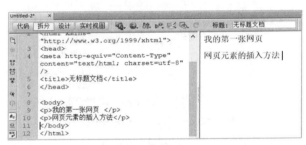

图 2-2-5 输入文本

 　　　　在图 2-2-5 中输入第一行文字后，按 Enter 键再输入第二行文字，从显示效果上可以看出两行文字之间的间距是比较大的，如果要缩小行距，可以在输完第一行文字后，按 Shift+Enter 组合键再输入第二行，效果如图 2-2-6 所示。

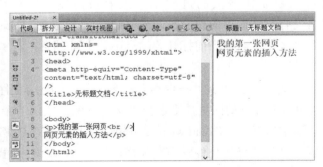

图 2-2-6 缩小输入文本之间的行距

（2）使用剪贴板。可以从其他的程序或窗口中复制或剪切一些文本，然后粘贴在Dreamweaver 的文档窗口中。具体操作如下。

- 在 Word 窗口中选中需要粘贴的文本。
- 按 Ctrl+C 组合键在剪贴板上复制文字，或者选择"编辑→复制"命令。
- 再切换到 Dreamweaver 窗口，按 Ctrl+V 组合键或选择"编辑→粘贴"命令，将其粘贴在指定位置。

3．插入水平线和特殊符号

（1）插入水平线。将光标移到要插入水平线的位置，然后选择"插入→HTML→水平线"命令，或者单击"插入"工具栏"常用"选项卡中的"插入水平线"按钮▓，便可以在网页中直接插入一条水平线。

如果不满意水平线的显示样式，可以在水平线上单击，在"属性"面板显示水平线属性，如图 2-2-7 所示，可以通过此面板修改水平线的属性。

图 2-2-7　修改水平线的属性

①改变水平线的长度。水平线的长度有两个计量单位：像素、百分比。其中百分比是指水平线占打开窗口的百分比。百分比这个单位是水平线相对于打开窗口实际大小而言的，换句话说，水平线如果采用百分比作长度单位，那么水平线的长度会随着窗口大小的变化而变化。所以像素是绝对单位，而百分比是相对单位。

②改变水平线的高度。水平线除了可以设置长度以外，还可以设置高度。水平线高度值的默认单位为像素。通常插入的水平线都是横线，如果在网页中要使用竖线，只要将水平线的宽度设为 1，高度设为所需高度即可，如图 2-2-8 所示。

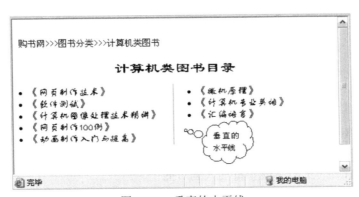

图 2-2-8　垂直的水平线

③改变水平线的对齐方式。在"属性"面板中的"对齐"下拉列表框中可以设置水平线的对齐方式。如图 2-2-9 所示。

图 2-2-9　水平线的对齐方式

 当水平线的宽度为 100%窗口宽度时，整条水平线已经占满了屏幕的宽度，此时对齐功能是无效的。

④改变水平线的阴影效果。默认的水平线是有阴影的立体水平线。如果只需要普通的水平线，只需在"属性"面板中取消选中"阴影"复选框即可。

（2）插入特殊字符。除了输入一般的文字外，Dreamweaver 还提供了各种特殊字符和符号，其中特殊字符包括标准 7 位 ASCII 码字符集以外的字符。

插入特殊字符的方法是将光标定位在希望字符在页面上出现的位置，选择"插入→HTML→特殊字符"命令，从中选择一种字符即可。

也可以在"插入"工具栏上的"文本"选项卡中单击"字符"按钮，然后从弹出的下拉列表中选择需要的特殊字符，如图 2-2-10 所示。

图 2-2-10　插入特殊字符

若想查看更多的特殊字符，选择图 2-2-10 中的"其他字符"命令，将出现"插入其他字符"对话框，如图 2-2-11 所示。其中包含了各种特殊字符，从中单击一种字符按钮后，在"插入"文本框中将出现该特殊字符所对应的 HTML 代码。选定特殊字符后，单击"确定"按钮，Dreamweaver 会将该字符插入到页面上。

由于这些特殊字符大多属于欧语文字，因此若是在中文环境下浏览这些特殊字符，有可能会看到乱码。所以，如果坚持要使用中文的编码方式，这些特殊字符还是尽量少用。

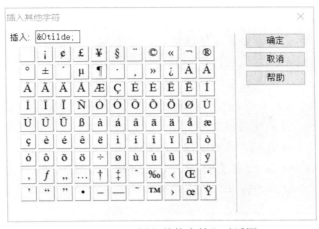

图 2-2-11　"插入其他字符"对话框

（3）插入符号。

①插入 E-mail 地址。在网页中有时会看到电子邮件的链接，当浏览者单击这个链接时，将启动默认的电子邮件程序发送电子邮件。要实现此效果可以选择"插入→电子邮件链接"命令，或者直接单击"插入"工具栏"常用"选项卡中的"电子邮件链接"按钮 ▭，将打开如图 2-2-12 所示的对话框，在其中输入要在网页上显示的文本和电子邮件地址，然后单击"确定"按钮即可。

图 2-2-12　"电子邮件链接"对话框

还有一种添加电子邮件链接的简便方法，首先选中要添加链接的文字，在"属性"面板中的"链接"下拉列表中直接输入"mailto:邮箱地址"即可。

②插入日期和时间。选择"插入→日期"命令，或者单击"插入"工具栏"常用"选项卡中的"日期"按钮 🗓，打开如图 2-2-13 所示的对话框。

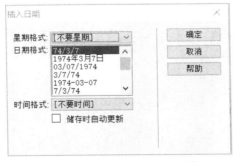

图 2-2-13　"插入日期"对话框

各选项的含义如下。

● 星期格式：用于设置显示星期的格式。

● 日期格式：用于设置显示日期的格式。

● 时间格式：用于设置显示时间的格式。

● 储存时自动更新：如果选中该复选框，则每次存盘时将自动更新日期。

③插入注释文字。为了在编辑文字和维护网页时管理方便，还可以在文件中插入一段注释。首先将光标移到想加入注释的地方，然后单击"插入"工具栏"常用"选项卡中的"注释"按钮 ，Dreamweaver 就会打开一个对话框，如图 2-2-14 所示。在"注释"列表框中输入注释的内容，单击"确定"按钮即可。

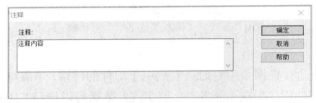

图 2-2-14　插入注释内容

在添加完注释内容以后，Dreamweaver 会弹出一个对话框，如图 2-2-15 所示，以此提示用户必须选择"查看→可视化助理→不可见元素"命令才能在 Dreamweaver 的编辑界面中看到注释内容。如果已经选择了"不可见元素"命令，就不会出现这个对话框。

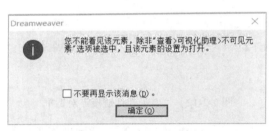

图 2-2-15　提示对话框

4．插入图像

（1）在网页中插入图像。在网页中可以使用多种图片文件格式，GIF、JPG、PNG 是最常用的图片文件格式。它们的文件信息量很小，适用于网络传输，并且还适用于各种平台，因此大部分浏览器都把它们当作标准的规格。

在网页中插入图像的步骤如下。

①执行以下操作中的任一种。

● 将光标放在要插入图像的位置上，然后选择"插入→图像"命令。

● 将光标放在要插入图像的位置上，单击"插入"工具栏"常用"选项卡中的"图像"按钮 。

● 如果要插入的图像就在桌面上，或者在旁边的文件夹里，也可以直接拖动到页面所需的位置，然后跳转到步骤③。

②在出现的对话框中选择所要插入的图像，也可以直接输入要插入图像文件的文件名及路径，然后单击"确定"按钮。

③在属性面板中设置图像属性。

（2）使用外部图像编辑器。可以在 Dreamweaver 中启动外部图像编辑器对所选图像进行编辑。当修改图像后，进行保存，结果就会反映在文档编辑窗口中。

设置外部图像编辑器的操作步骤如下。

①选择"编辑→首选参数"命令，弹出"首选参数"对话框。

②从"分类"列表框中选择"文件类型/编辑器"选项，如图 2-2-16 所示。

图 2-2-16 设置外部图像编辑器

③单击"扩展名"列表框上方的⊞按钮添加某种类型的图像，如 gif，如果列表框里已经存在所需类型，直接选中即可。

④单击"编辑器"列表框上方的⊞按钮，打开"选择外部编辑器"对话框，从中可以添加支持所编辑的图像类型的图形软件。

⑤如果要把当前的编辑器设为基本编辑器，单击"设为主要"按钮。

设置好外部编辑器后，就可以对选定的图像进行编辑了，具体有两种方法。

①右击要修改的图像，从弹出的快捷菜单里选择相应的命令。

②选中要编辑的图像后单击属性面板中的 Ps 按钮，如图 2-2-17 所示。

图 2-2-17 利用属性面板编辑图像

在 Ps 按钮的右侧还有 6 个与图像编辑有关的快捷按钮，它们的功能按照从左至右的顺序依次为：编辑图像设置、从源文件更新、裁切、重新取样、亮度和对比度、锐化图像。

（3）控制图像属性。将图像放到网页中以后，可以通过属性面板控制图像的属性，属性面板的功能如图 2-2-17 所示。

下面介绍属性面板中常用的几项功能。

①图像。它旁边的数字代表所选图像的大小，它下面的文本框中可输入所选图像的名称，这样就可以使用脚本语言对它进行引用了。

②源文件和链接。源文件可显示指定图像的路径，可以直接输入路径，也可以单击文件夹图标浏览选择。链接框可以指定图像的超级链接。

③目标。指定链接页面应该载入的框架或窗口。如果图像上没有链接，则此下拉列表框无效。当前文件内的所有框架名都将出现在下拉列表框中。如果当前文件在浏览器中打开时指定的框架不存在，则链接的页面将载入新窗口中，并且使用用户指定的名称。一旦该窗口存在，其他文件则可以指向它，如图 2-2-18 所示。

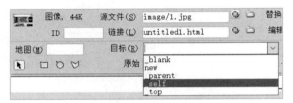

图 2-2-18　目标列表框

另外，还可以从以下目标中选择。

● _blank：将链接文件载入到新的未命名窗口中。

● _parent：将链接文件载入到父框架集或包含该链接的框架窗口中。如果包含该链接的框架不是嵌套的，则链接文件将载入到整个浏览器窗口中。

● _self：将链接文件作为链接载入同一框架或窗口中。本目标是默认的，所以通常无需指定。

● _top：将链接文件载入到整个浏览器窗口并删除所有框架。

④替换。指定出现在图像位置上的可选文字。在某些浏览器中，当光标移过图像时出现描述性文字，这些文字是为那些只显示文本的浏览器或手动设置关闭了图像下载功能的浏览器准备的。

⑤编辑。载入在外部浏览器参数中指定的图像编辑器并打开选定图像，这时候就可以对图像进行编辑。保存图像文件后返回 Dreamweaver 时，将使用保存后的图像更新文档窗口。

⑥宽和高。在页面载入时要为页面上图像预留空间，开始时 Dreamweaver 将自动输入图像的原始大小，单位为像素。也可以直接用鼠标改变图像大小。

改变图像大小后，在"宽"和"高"文本框右侧出现了一个✔标志，并且宽度和高度的值也会变为加粗显示，如图 2-2-19 所示。

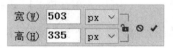

图 2-2-19　设置图像大小

单击✔标志可以永久性改变图片属性，并弹出如图 2-2-20 所示的对话框。

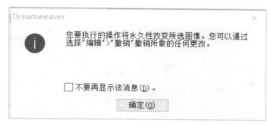

图 2-2-20　改变图像大小提示对话框

⑦地图。允许用户创建客户端图像映射。

5.　插入超链接

网络之所以引人注目，除了具备充实的内容及制作精美的图像之外，更重要的是它具备网络相连的特性，这些网络相连的特性就是通过超级链接来完成的。在页面中加入超级链接后，只要在含有超级链接的部分单击一下，就能连上位于地球上任何一个角落的网页。从这种意义上说，链接是网页的灵魂。链接能使网页从一个页面跳转到另一个页面。

（1）创建链接。在做网页之前应该先规划好网页的超级链接，就像为浏览者准备一份地图。在这份地图中，每一个超级链接都能通往另一个目的地，除此之外，地图中还应包括返回指示，这样使浏览者不论身在何处，都能迅速地回到初始位置。

一般来说，链接都是建立在文字和图像的基础上，通过文字和图像来跳转到网站内部、电子邮件地址或者网站外部。

①与网站内部的链接。通常网站都是由数量很多的网页组成的，在厘清网页之间关系的基础上，通过属性面板可以添加链接，操作方法如下。

● 　选定要建立链接的文本或图像。

● 　打开属性面板，单击面板中"链接"下拉列表框右侧的文件夹图标，打开如图 2-2-21 所示的"选择文件"对话框。

图 2-2-21　"选择文件"对话框

● 在对话框中选择链接要指向的文件，要链接的文件在属性面板中的"链接"文本框中显示。

除了上述方法以外，还可以利用 Dreamweaver 所独有的"指向文件"功能创建链接，其步骤如下。

● 选择"窗口→文件"命令，显示文件面板。

● 在文档窗口中选中要建立链接的文本或图像。

● 在属性面板中，把"链接"文本框旁边的"指向文件"图标⊙拖动到文件面板并指向链接的文件，如图 2-2-22 所示。

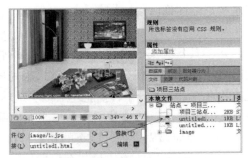

图 2-2-22　使用拖放操作创建链接

● 释放鼠标后，"链接"下拉列表中将会显示链接指向文件的完整路径。

②与网站外部的链接。要添加与外部网站的链接，只要知道该网站的地址即可，步骤如下。

● 选中要添加外部链接的文字或图像。

● 打开属性面板，在"链接"文本框中输入该链接所对应的外部网站地址。

> **小贴士**　　网站地址书写格式要注意，例如"http://www.baidu.com"。

（2）鼠标指针经过图像。在 Internet 上浏览网页时，有时我们会看到有些网页中的图像会随着鼠标的移动而发生外观上的变化。在实际制作中，把这两张图片称为"初始图像"和"变换图像"。在 Dreamweaver 中采用鼠标指针经过图像的技术来实现该效果，操作步骤如下。

①将光标插入文档窗口中要出现图像变换的位置。

②单击"插入"工具栏"常用"选项卡中图像按钮右侧的下拉列表，从弹出的菜单中选择"鼠标经过图像"选项，如图 2-2-23 所示。打开如图 2-2-24 所示的"插入鼠标经过图像"对话框。

图 2-2-23　"鼠标经过图像"选项

图 2-2-24   "插入鼠标经过图像"对话框

③设置"插入鼠标经过图像"对话框中各项内容。

- 在"图像名称"文本框中输入图像名称,以便以后插入脚本语言时使用。
- 在"原始图像"文本框中输入初始图像的路径和文件名,也可以单击其后的"浏览"按钮在站点中选择所需要的图像。
- 在"鼠标经过图像"文本框中输入切换图像(当鼠标移动到原始图像上时要变换的图像)的路径和文件名,也可以单击其后的"浏览"按钮在站点中选择所需要的图像。
- 选中"预载鼠标经过图像"复选框,可以使 Dreamweaver 在浏览器高速缓存中预先载入图像。
- 在"替换文本"中输入内容,该内容可在鼠标移动到原始图像上时显示。
- 在"按下时,前往的 URL"文本框中输入要链接到的 URL 地址,也可以单击其后的"浏览"按钮在站点中选择所要链接到的文件。

（3）插入命名锚记。"锚"是一种页面内的超级链接,当网页中的内容较长时,仅靠上下移动滚动条寻找需要的部分是很麻烦的,而且还经常会出错,这时就可以建立页面内的超级链接。

下面举一个例子来说明"锚"的制作方法。

如图 2-2-25 所示,在网页中有一个标题和一段文字,现要单击第三个操作步骤标题使网页跳转到相应文字段落,实现网页内的超级链接。制作步骤如下。

图 2-2-25   要插入"锚"的网页

①将第三步骤标题称为起点,将文字段落称为终点。将光标定位在终点前,单击"插入"工具栏中"常用"子面板的"命名锚记"按钮📛,弹出"命名锚记"对话框,如图 2-2-26 所示。

图 2-2-26 "命名锚记"对话框

②在"锚记名称"文本框中输入"锚"的名称，如"a"。此时在网页中的定位点就出现了一个"锚记"。如图 2-2-27 所示。

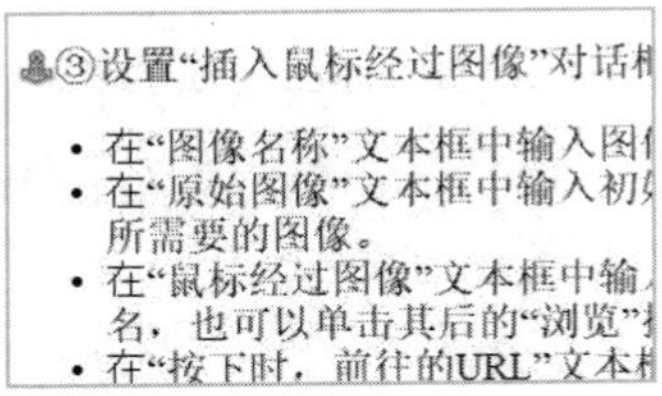

图 2-2-27 插入"锚记"

③选中标题文字，给该标题添加超级链接，在属性面板的"链接"文本框中输入"#锚记名称"，即"#a"。单击"确定"，完成"锚"的添加。

如果要从一张网页链接到另一张网页的"锚记"，需要选中第一张网页中要添加链接的文字，在属性面板中的"链接"文本框中输入第二张网页的路径和文件名#锚记名称，如"index.html#a"。

（4）图像映射的使用。通常一张图片只能设置一个链接，但是有些情况下，我们可以将一张图片划分为若干区域，给每一区域分别设置链接，要实现此效果就要用到"图像映射"技术。

在讲解制作方法之前，先介绍一个术语"热点"（或"热区"）。在一张图片中划分的若干区域就称为"热点"。Dreamweaver 中提供的工具可以将"热点"绘制为任何形状，方便了用户的使用。

创建"图像映射"的方法如下。

①选择要制作"图像映射"的图像。在属性面板的"地图"文本框中输入该映射的名称，如图 2-2-28 所示。

图 2-2-28 属性面板"地图"区域

②绘制"热点"。根据需要选择属性面板中的□、○、▽三个按钮，分别完成矩形、圆形、多边形"热点"的绘制。"热点"绘制完成后，可以通过选择▶按钮对"热点"的形状进行修改，并且还可以拖动"热点"的位置。

③选择绘制完成的"热点"。在属性面板中给该"热点"添加超级链接。

④重复上述步骤，完成其他"热点"的添加。

（5）跳转菜单。跳转菜单是一个下拉菜单，其中的每一个选项都是一个超级链接，要添加一个跳转菜单，步骤如下。

①将光标定位在要插入"跳转菜单"的位置，单击"插入"工具栏中"表单"选项卡的"跳转菜单"按钮，打开"插入跳转菜单"对话框，如图 2-2-29 所示。

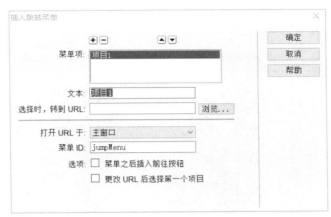

图 2-2-29   "插入跳转菜单"对话框

②在"文本"文本框中输入提示文字，该文字是在菜单没被打开时显示的，然后选中"更改 URL 后选择第一个项目"复选框。

③单击加号按钮添加一个选项，在"文本"文本框中输入该选项的名称，在"选择时，转到 URL"文本框中输入该选项所对应的超级链接地址，在"打开 URL 于"下拉列表中，选择该超级链接的目标窗口。

④如果想添加一个前往按钮，可以选中"菜单之后插入前往按钮"复选框。

⑤重复上述步骤，完成其他选项的添加。

要修改跳转菜单的属性，可以通过属性面板来完成，具体操作步骤如下。

①选择要修改的跳转菜单。

②在属性面板中单击"列表值"按钮。

③在弹出的"列表值"对话框中进行所需要的修改。

任务实现

实训：制作古诗赏析网页

制作古诗赏析网页

1. 成果预期

在 Web 界面设计中，要灵活运用网页中各元素来加强界面显示效果，同时要善于运用超级链接实现网页之间的相互跳转，本任务在熟悉各元素基本操作的基础上，重点是使学习者掌握图片、文字、水平线的使用方法，掌握超级链接，尤其是图像地图、锚点的基本使用。

2. 过程实施

（1）新建网页。在站点中新建三个网页文件，将其命名为 index.html、libai.html、dufu.html。

（2）编辑 index.html，制作图像地图。在 index.html 中插入素材"图片 1.jpg"，在该图片上制作图像地图，将该图片划分为两个热区，分别链接至 libai.html 和 dufu.html，如图 2-2-30 所示。

图 2-2-30　制作图像地图

（3）编辑 libai.html，放入素材。在 libai.html 中插入图片"libai1.jpg"和"libai2.jpg"，同时放入文字内容（文字内容可从互联网下载），文字内容为李白的古诗，数量自定，将每首古诗用水平线分隔，如图 2-2-31、图 2-2-32 所示。

图 2-2-31　libai.html 效果 1

图 2-2-32　libai.html 效果 2

（4）编辑 libai.html，制作锚点链接。在每首古诗标题前插入锚点并命名，例如"a1、a2、a3……"，回到网页前部的古诗标题部分，依次选中每个标题，在属性面板的"链接"选项中输入锚点链接地址，例如"#a1、#a2……"，如图 2-2-33、图 2-2-34 所示。

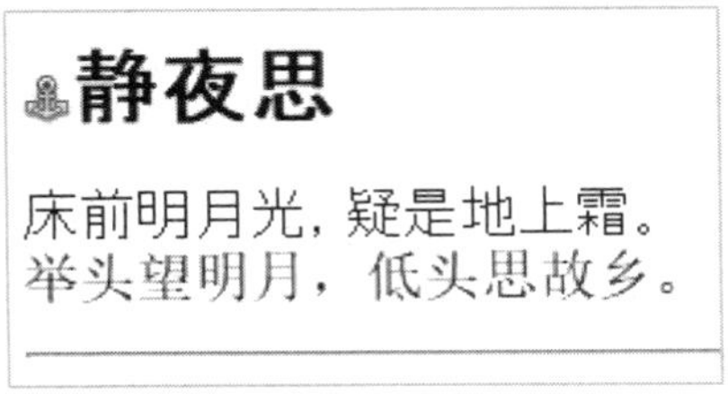

图 2-2-33　插入锚点

图 2-2-34　制作锚点链接

（5）编辑 dufu.html。用同样方法，编辑 dufu.html，效果如图 2-2-35 所示。

图 2-2-35　dufu.html 效果

（6）预览效果。预览 index.html，测试超级链接及锚点链接效果。

学习小测

1. 知识测试

请完成以下单项选择题

（1）（　　）用于给文本、段落和图像等设置属性。

    A．"属性"面板　　　　　　　　B．"布局"面板

    C．"文件"面板　　　　　　　　D．"布局"选项卡

（2）要缩小行距，可以在输完第一行文字后，按（　　）键再输入第二行。

    A．Enter　　　　　　　　　　　B．Shift+Enter

    C．Alt+Enter　　　　　　　　　D．Ctrl+Enter

（3）命名锚记，在属性面板的"链接"框输入"#+锚记名称"，（　　）。

    A．能链接两个不同的页面

    B．能链接同一页面的不同部分

    C．不能链接同一页面的不同部分

    D．以上都不对

（4）使用 Dreamweaver 设计网站的第一步是（　　）。

    A．定义站点　　　　　　　　　B．创建网页

    C．创建模板　　　　　　　　　D．为站点创建库项目

（5）在超级链接中，设置"目标"为（　　），表示将链接文件载入到新的未命名窗口中。

    A．_blank　　　　　　　　　　B．_parent

    C．_self　　　　　　　　　　　D．_top

请完成以下判断题

（1）保存文件时，尽量不用特殊字符作为文件或目录的名字。　　　（　　）

（2）建立外部链接，以百度为例，网站地址书写格式可写为：www.baidu.com。

                                         （　　）

（3）在 Dreamweaver 中可以直接输入文本，不可以引用外部文本文件。　　（　　）

2. 技术实战

主题：制作电商类站点——数码产品展示系列网页

要求：参考任务 1 技术实战，建立数码产品展示站点，在其主页中建立数码产品导航，可用图片形式体现。根据数码产品种类，新建二级链接网页，为便于管理，可在站点中建立存储二级网页的子文件夹，二级网页要体现数码产品性能简介。要求使用图片、文字等元素，以及超级链接等技术。链接结构见图 2-2-36 所示，站点结构可参考图 2-2-37，最终效果可参考图 2-2-38。

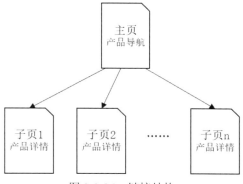

图 2-2-36　链接结构

图 2-2-37　站点结构

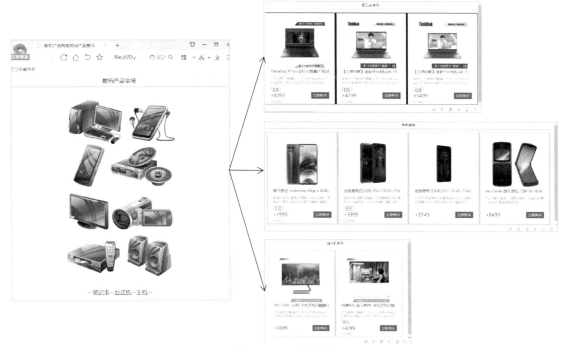

图 2-2-38　参考效果

任务 3　用表格排版网页

任务描述

本任务主要讲解使用表格工具布局静态网页的方法与技巧，涉及的知识点主要有创建表格、编辑表格内容、编辑表格样式、导入表格数据、导出表格、表格布局等，在此基础上通过"运用表格布局古诗赏析首页"实训，使读者全面掌握使用表格布局静态网页的基本技术。本任务通过创建表格的知识引入，要求读者重点掌握布局网页基本技巧。

知识解析

1. 创建表格

表格是处理数据、网页布局设计的常用工具。表格的形式简洁，能够直观地反映数据在行与列上的关系。表格是整个网页设计的精华，它具有输入数据和进行分类列表的功能，同时表格在网页中不仅可以用来排列数据，而且可以对页面中的图像、文本等元素进行准确的定位，使得页面在形式上既丰富多彩，又富有条理，从而也使页面显得更加整齐有序，许多大型网站都是用表格来协助网页的排版，使用表格排版的页面在不同平台、不同分辨率的浏览器中都能保持原有的布局，所以表格是网页布局中最常用的工具。

如图 2-3-1 所示，这是一个使用了表格的页面，可以看出表格由行、列和单元格三部分组成，行贯穿表格的左右，列则是上下的方式，单元格是行和列交汇的部分，用来输入信息。

学生信息表

序号	姓名	专业	班级
1	李红	计算机网络技术	1班
2	王刚	软件技术	2班
3	赵明	软件技术	1班
4	高磊	计算机应用技术	1班

图 2-3-1　应用表格

（1）插入表格。可以使用"插入"工具栏或"插入"菜单创建表格。

将光标移到页面上相应的位置，选择"插入"面板的"常用"选项卡，然后单击"插入表格"按钮▦，打开如图 2-3-2 所示的对话框，设置数值。

该对话框各选项含义如下。

- 行数：指定表格的行数。
- 列：指定表格的列数。
- 表格宽度：以像素为单位或以浏览器窗口百分比为单位指定表格宽度。

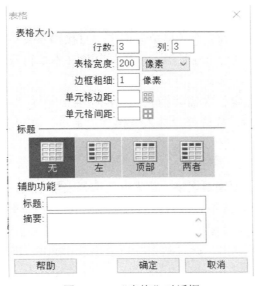

图 2-3-2　"表格"对话框

- 边框粗细：指定表格的边框宽度。当不希望显示边框时，可输入"0"。
- 单元格边距：指定单元格中的内容与单元格边界之间的距离。
- 单元格间距：指定单元格之间的距离。
- 标题区：该选项区用于定义表头样式。
- 辅助功能区的标题：该文本框用于定义表格标题。
- 辅助功能区的摘要：该文本框用于对表格进行注释。

（2）表格嵌套。表格嵌套即指把一个新的表格插入到已有的表格单元格中，嵌入的表格宽度将受所在表格单元格大小的限制。

进行表格嵌套的操作如下。

①将光标移入某个单元格，然后单击"插入"工具栏"常用"选项卡上的"插入表格"按钮。

②在出现的"表格"对话框中指定表格属性，然后单击"确定"按钮。嵌套表格的效果如图 2-3-3 所示。

学生信息表

序号	姓名	专业	班级	成绩	
1	李红	计算机网络技术	1班	高数	90
				算法	85
2	王刚	软件技术	2班	高数	79
				算法	70
3	赵明	软件技术	1班	高数	90
				算法	90
4	高磊	计算机应用技术	1班	高数	85
				算法	90

图 2-3-3　嵌套表格

（3）在表格中添加内容。在表格中可以插入文本、图片等对象。

①插入文本：将光标移到一个表格单元格中，直接输入文本，当输入的文本长度超过单元格长度时，单元格宽度会自动扩展，或者将其他文本编辑器中的文本复制并粘贴到表格单元格中。

②插入图像：将光标定位在需要插入图片的位置。单击"插入"工具栏"常用"选项卡上的"图像"按钮，或选择"插入→图像"命令，在打开的对话框中选中要插入的图片。

2. 表格的基本操作

（1）选择表格对象。要编辑表格，首先就要选择表格对象，对象可以是整个表格、某行（列）或者特定单元格，选中表格对象后就可以对其进行编辑了。

①选择整个表格：将鼠标指针置于表格边缘，当其变为十字锚状时单击，或者在需要选定的表格中任意地方单击，此时状态栏就会出现相应的 HTML 标记，单击<table>标记即可。

②选择行：将鼠标指针置于表格行最左端，会变为指向右侧的粗黑箭头，单击即可选中此行，如果松开左键前上下移动鼠标，可以选中多行。或者在需要选定的行中单击任意单元格，此时状态栏会出现相应的 HTML 标记，单击<tr>标记即可。

③选择列：将鼠标指针置于表格列最上方，会变为指向下侧的粗黑箭头，单击即可选中此列，如果松开左键前左右移动鼠标，则可以选中多列。

④选择单元格：只需在单元格中任意地方单击，"属性"面板就会显示单元格的属性。单击状态栏上的<td>标记就可以选中此单元格。

⑤选择不连续的几个单元格：按住 Ctrl 键，单击欲选定的单元格。或者选定多个连续的单元格，然后按住 Ctrl 键，单击其中不需选中的单元格即可取消对它们的选定。

（2）改变表格和单元格的大小。使用 Dreamweaver 可以轻易地改变整个表格的大小或单独调整某个单元格的大小，在改变整个表格大小的同时，表格中的所有单元格大小也会做相应的调整。

①改变整个表格尺寸：选中需要修改的表格，横向或纵向拖动控制柄以调整表格的大小。

②改变行或列大小：要改变行高，则拖动底端行边框；要改变列宽，则拖动右侧列边框。还可使用"属性"面板指定列宽。

如果对拖动表格边框取得的结果感到不满意时，可以清除列宽和行高并重新设置。在选中表格后选择"修改→表格→清除单元格高度"命令或"修改→表格→清除单元格宽度"命令即可。

（3）增加、删除行或列。

①增加行或列。将光标定位在要插入新行（列）的单元格中，任选以下操作之一。

● 要添加一行，可以选择"修改→表格→插入行"命令，或右击鼠标后选择快捷菜单中的"表格→插入行"命令。

● 要添加一列，可以选择"修改→表格→插入列"命令，或选择快捷菜单中的"表格→插入列"命令。

- 要同时添加行与列，可以选择"修改→表格→插入行或列"命令，或选择快捷菜单中的"表格→插入行或列"命令。

如果选择了第 3 项操作，则需要在打开的对话框中输入准备添加的行或列，并指定新的行（列）是出现在选中行（列）之前还是之后，如图 2-3-4 所示。

图 2-3-4　插入行或列

②删除行或列。将光标定位在需要删除的行（列）中，任选以下操作之一。

- 要删除行，可以选择"修改→表格→删除行"命令，或选择快捷菜单中的"表格→删除行"命令。
- 要删除列，可以选择"修改→表格→删除列"命令，或选择快捷菜单中的"表格→删除列"命令。

还可以通过在表格的"属性"面板中改变行列值，实现在表格的顶端添加（删除）行或在表格最右端添加（删除）列。

（4）拆分、合并单元格。使用"属性"面板或"修改→表格"子菜单中的命令，可以拆分或合并单元格。可以合并任意多个连续的单元格，以产生一个跨越多行或多列的单元格。也可以将一个单元格拆分为任意多行或任意多列，不论此单元格以前是否被合并过。

①合并单元格。选中想要合并的单元格，选中的单元格必须是相邻的。选择"修改→表格→合并单元格"命令，或单击"属性"面板上的合并单元格按钮▯，独立的单元格中的内容就会被同时放在合并单元格中。效果如图 2-3-5 所示。

学生信息表

序号	姓名	专业	班级	成绩	
1	李红	计算机网络技术	1班	高数	90
				算法	85
2	王刚	软件技术	2班	高数	79
				算法	70
3	赵明		1班	高数	90
				算法	90
4	高磊	计算机应用技术	1班	高数	85
				算法	90

图 2-3-5　合并单元格

②拆分单元格。选中一个单元格，选择"修改→表格→拆分单元格"命令，或单击"属性"面板上的拆分单元格按钮▯。在"拆分单元格"对话框中，选择是拆分为行还是列，并设置行数或列数，如图 2-3-6 所示。

图 2-3-6　拆分单元格

（5）导入表格数据。在其他应用软件中创建，并且以制表符、逗号、冒号、分号或其他分隔符分隔保存的数据，可以导入到 Dreamweaver 中并重新格式化为表格。

导入表格数据的操作如下。

①选择"文件→导入→表格式数据"或"插入→表格对象→导入表格式数据"命令，打开"导入表格式数据"对话框。如图 2-3-7 所示。

图 2-3-7　导入表格式数据

②在"数据文件"文本框中，输入要导入的文件名称。

③在"定界符"下拉式列表中，选择一个合适的分隔符。如果选择"其他"选项，需要在右侧文本框中输入新的分隔符。

④设置"表格宽度"："匹配内容"表示创建的表格的列宽可以调整到容纳最长的句子。指定宽度表示以占浏览器窗口的百分比或以像素为单位指定表格的宽度。

⑤表格格式化选项："单元格边距"表示以像素为单位指定单元格内容与单元格边框之间的距离。"单元格间距"表示以像素为单位指定单元格与单元格之间的距离。"格式化首行"可以选择无格式、粗体、斜体以及粗斜体 4 个选项来格式化表格的第一行。"边框"表示以像素为单位指定表格边框的宽度。

（6）设置表格属性。设置表格属性首先要选中表格，然后打开"属性"面板即可看到该表格的所有属性。如图 2-3-8 所示。

图 2-3-8　表格属性

可以在"属性"面板中进行如下设置。

- 表格标识符：设置表格的标识符名称。
- 行：设置表格中的行数。
- 列：设置表格中的列数。
- 宽度：设置表格的宽度，在它右侧的下拉列表框中选择其单位，可以是像素或百分比。
- 填充：以像素为单位设置单元格的内容与其边框之间的间距。
- 间距：以像素为单位设置单元格与单元格之间的间距。
- 对齐：设置此表格与其他元素的对其方式。包括默认情况、左对齐、右对齐或居中对齐 4 种方式。选择默认情况，将按左对齐方式设置。
- 边框：以像素为单位设置表格边框的宽度。绝大多数浏览器都以三维线条显示表格，如果使用表格来布局页面，或在其他不希望显示表格边框的情况下，可以将边框值设置为 0。若要在边框值为 0 的情况下查看单元格和表格边界，可选择"查看→可视化助理→表格边框"命令。
- 清除行高 ：清除表格中的所有行高值。
- 清除列宽 ：清除表格中的所有列宽值。
- 转换表格宽度为像素 ：将表格当前的以百分比为单位的宽度转换为以像素为单位的宽度。
- 转换表格宽度为百分比 ：将表格当前的以像素为单位的宽度转换为以百分比为单位的宽度。

（7）设置行、列与单元格属性。我们可以对不同行、列或单元格设置不同的属性，使表格看起来更加美观。如图 2-3-9～图 2-3-11 所示。

图 2-3-9　行属性

图 2-3-10　列属性

图 2-3-11　单元格属性

（8）复制及粘贴单元格。单元格可以复制和粘贴，可以在保留单元格格式化的情况下，复制并粘贴多个单元格，下面将一一介绍。

①剪切或复制表格中多个单元格。在表格中选定一个或多个单元格，选择"编辑→剪切"（或"复制"）命令完成剪切（复制）的操作。当选择的是整行（列）并选择了"编辑

→剪切"命令，则整行（列）都会被删除。

 小贴士　　　　若选定的单元格非连续，则不能被粘贴和复制。

②粘贴单元格的操作方法如下。

若要在某单元格前面或上方添加单元格，则单击此单元格，若要生成一新的表格，则将光标置于表格外。选择"编辑→粘贴"命令。

（9）表格排序。表格排序既可以对一列进行排序也可以对两列进行排序。如果表格中包含合并的单元格则不能排序。

表格排序的操作如下。

①选定表格，然后选择"命令→排序表格"命令。

②在打开的对话框中设置以下选项，如图 2-3-12 所示。

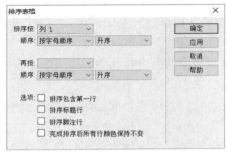

图 2-3-12　排序表格

● "排序按"：选定排序的列。
● "顺序"：在第 1 个下拉列表中选择按字母顺序或按数字顺序选项；在其右侧的下拉列表中选择以升序或降序排序。
● 在"再按"下拉列表框中设置在另外一列中进行下一级的排序。
● 若要将表格的第一行列入排序范围之内，则选中"排序包含第一行"复选框；如果表格的第一行是标题，则不要选中该复选框。

（10）导出表格。有时可能需要把网页表格中的数据保存到其他的应用程序中，而 Dreamweaver 提供的导出表格功能就可以完成这一需求。要把在 Dreamweaver 中创建的表格数据导出，必须把数据存为一种可分隔数据的文件格式。可以使用逗号、冒号、分号、空格等作为分隔符。

 小贴士　　　　只导出表格的一部分是不被允许的。导出表格时，整个的表格都被导出了。若想导出表格中的一些特定数据，就应该建立一个新表格，把数据复制到新表格中，然后导出新表格。

导出表格的操作如下。

①把光标置于要导出的表格的任一单元格内。

②选择"文件→导出→表格"命令，打开"导出表格"对话框，如图 2-3-13 所示。

图 2-3-13　导出表格

③ "定界符"下拉列表中为表格数据选择一种分隔符。

④在"换行符"下拉列表中选择一种将要导出文件的操作系统。

⑤在随即出现的对话框中为文件输入一个名称后单击"保存"按钮。

 小贴士　　　在为导出后的文件取名时，应注意正确输入文件的扩展名，否则形成的文件可能会无法打开。

任务实现

运用表格布局
古诗赏析首页

实训：运用表格布局古诗赏析首页

1．成果预期

设计布局合理、美观大方的页面是每个网页设计者的目标。有时候，用户会觉得难以控制页面的布局，例如，很难将一幅图插入到页面的任意位置，但学会了使用表格后，这项操作就变得很简单了，在单元格中，几乎可以插入 HTML 的所有元素，如文本、表单、图像及超级链接等，这样就可以使用表格来构造网页的整体框架。本任务在熟练进行表格基本操作的基础上，重点使学习者掌握使用表格布局界面的方法，掌握调整表格尺寸、设置边框、合并单元格、设置单元格属性等技术的基本使用。

2．过程实施

（1）新建网页。在站点中新建一个网页文件，将其命名为 1.html。

（2）插入表格。在网页中插入一个 3 行 5 列的表格，设置表格宽度为 1000px，边框为 0，单元格边距为 0，单元格间距为 0，对齐方式为居中对齐，如图 2-3-14 所示。

图 2-3-14　表格效果

（3）调整单元格尺寸，布局页面。调整每行单元格尺寸，通过合并单元格、改变单元格宽度和高度，将表格调整为用户需求的布局版式，如图 2-3-15 所示。

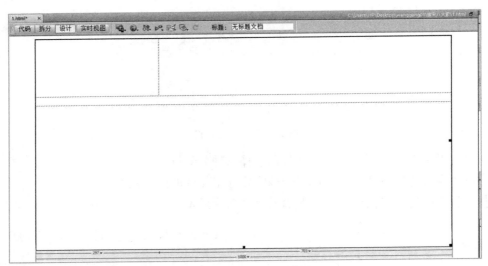

图 2-3-15　表格布局效果

（4）设置标题区。在标题区插入图片，如图 2-3-16 所示。为了达到视觉效果，用吸管工具吸取图片右边颜色设置单元格背景颜色，如图 2-3-17 所示。选中图片，查看"属性"面板中图片的高度值，将第一行两个单元格的高度设置为与图片高度一致，如图 2-3-18所示。

图 2-3-16　插入图片

图 2-3-17　设置背景颜色

图 2-3-18　设置单元格高度

（5）输入标题文字。在第二个单元格中输入标题文字"古诗赏析"，切换到"拆分"视图，在代码区中找到标题文字，在其两端加入 HTML 代码，如图 2-3-19 所示。网页效果如图 2-3-20 所示。

图 2-3-19　加入代码

图 2-3-20　标题文字效果

（6）设置分隔区。将第二行单元格背景颜色设置为#00CCCC，输入文字"首页"，效果如图 2-3-21 所示。

图 2-3-21　分隔区效果

（7）设置内容区。在内容区插入一个 3 行 8 列的表格，设置表格宽度为 900px，边框为 0，单元格边距为 0，单元格间距为 0，标题为"唐宋八大家"，对齐方式为居中对齐，同时将内容区所属的单元格对齐方式设置为水平方向居中对齐、垂直方向顶端对齐，如图 2-3-22 所示。在表格中填入图片及文字素材，如图 2-3-23 所示。将内容区单元格背景颜色设置为#DFDFDF。

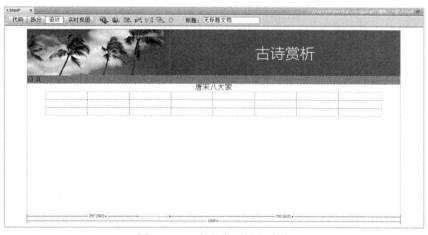

图 2-3-22　在内容区插入表格

图 2-3-23　表格效果

（8）预览效果。预览 1.html，测试效果如图 2-3-24 所示。

图 2-3-24　页面效果

学习小测

1. 知识测试

请完成以下单项选择题

（1）单元格边距是指单元格中的内容与单元格（　　）之间的距离。

  A．宽度　　　　　　B．边界　　　　　　C．高度　　　　　　D．间距

（2）选择不连续的几个单元格，可以按住（　　）键，单击欲选定的单元格即可。

  A．Enter　　　　　B．Shift　　　　　　C．Alt　　　　　　　D．Ctrl

（3）在其他应用软件中创建的数据文件，可以导入到 Dreamweaver 中并重新格式化为表格，其中最常用的四种分隔符号包括制表符、（　　）、冒号、分号。

  A．空格　　　　　　B．逗号　　　　　　C．加号　　　　　　D．小括号

请完成以下判断题

（1）边框粗细是指表格的边框宽度，当不希望显示边框时，可输入"0"。　（　　）

（2）单元格间距是指单元格中的内容与单元格边界之间的距离。　　　　（　　）

（3）选中想要合并的单元格，选中的单元格可以不相邻。　　　　　　　（　　）

（4）若选定的单元格非连续，则不能被粘贴和复制。　　　　　　　　　（　　）

（5）如果表格中包含合并的单元格则不能排序。　　　　　　　　　　　（　　）

2．技术实战

主题：制作电商类站点——数码产品商城首页

要求：首页使用表格布局，要求至少包括标题区、banner 区、导航区、内容区。要求使用图片、文字等元素展示数码产品商城信息，要熟练使用表格的基本操作技术。最终效果可参考图 2-3-25。

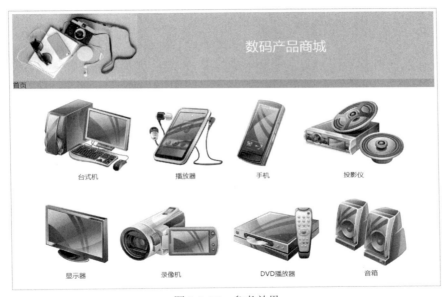

图 2-3-25　参考效果

任务 4　网页中表单的使用

任务描述

本任务主要讲解使用表单工具实现浏览者和服务器之间沟通桥梁的方法与技巧，涉及的知识点主要有创建表单域、插入表单对象等，在此基础上通过"制作用户调查表"实训，使读者全面掌握使用表单进行数据收集、传递的基本技术。本任务通过认识表单的知识引入，要求读者重点掌握插入表单对象的基本技巧。

1. 认识表单

表单可以用来在网页中收集、传送数据，例如：用户个人资料、商品订单等。在实际应用中，搜索引擎、用户注册、问卷调查等都离不开表单。如图 2-4-1 所示，就是表单的应用案例。

图 2-4-1　表单应用

一个完整的表单设计应该很明确地分为两部分：表单对象部分和应用程序部分，它们分别由网页设计师和程序设计师完成。首先由网页设计师制作出一个可以让浏览者输入各项资料的表单页面，也就是描述表单的 HTML 源代码，这是在显示器上可以看到的内容，此时表单只是一个外壳，不具有真正工作能力，需要后台程序的支持。接着由程序设计师通过程序来编写各项表单资料和反馈信息等操作所需要的程序。

我们在这里只讨论如何使用 Dreamweaver 制作表单的基本外观，也就是在显示器上可以看到的内容，暂时不讨论后台部分。

2. 创建表单域

表单包括表单域和表单对象，如图 2-4-2 所示，外层红色虚线包括的范围就表示表单域，其中的单选按钮就是表单对象，因此我们可以理解为 1 个表单是由 1 个表单域和若干表单对象组成。

图 2-4-2　表单域

（1）插入表单域。选择"插入→表单→表单"菜单命令，或者单击"插入"工具栏"表单"选项卡中的"表单"按钮。此时页面中生成表单域，是由红色虚线围成的一个矩形区域，如图 2-4-3 所示。

图 2-4-3　插入表单域

（2）表单域属性。单击表单域红色虚线轮廓将其选定，在"属性"面板中就可以看到表单的属性，如图 2-4-4 所示。

图 2-4-4　表单域属性

①表单 ID：该文本框用于标识表单，命名表单后，就可以在使用脚本语言或 CSS 样式表时引用该表单。如果不命名表单，Dreamweaver 将自动为其生成一个名称。

②动作：用来指定处理数据的脚本路径，如 mailto:qzy@126.com 就代表把数据发到邮箱。

③方法：用于指定将表单数据传输到服务器的方法，默认使用浏览器的默认设置将表单数据发送到服务器。除此之外 GET 方法是将值附加到请求该页面的 URL 中，POST 方法表示在 HTTP 请求中嵌入表单数据。

④编码类型：可以在该下拉列表框中指定对提交给服务器进行处理的数据使用 MIME 编码类型。如图 2-4-5 所示。

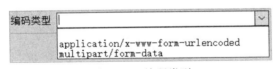

图 2-4-5　编码类型

⑤目标：在该下拉列表框中指定一个窗口来显示被调用程序返回数据。如果命名的窗口尚未打开，则打开一个具有该名称的新窗口。其中的五个选项与前述超级链接中"目标"选项相同，这里就不再重述了。

3．插入表单对象

（1）插入文本域。文本域用来接受文本，可以包括字母、数字和文本内容。文本域包括单行文本域、多行文本域、密码域三种形式。

①插入文本域的方法：将光标定位在表单域中，单击"插入"工具栏"表单"选项卡中的"文本字段"按钮，打开对话框，如图 2-4-6 所示。设置标签与位置，效果如图 2-4-7 所示。

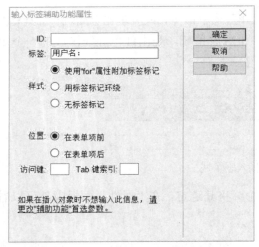

图 2-4-6　插入文本域对话框

图 2-4-7　文本域效果

②设置文本域属性：单击文本域，"属性"面板如图 2-4-8 所示。

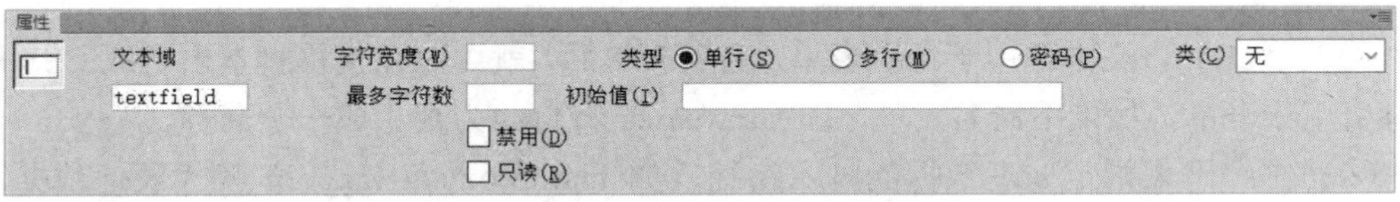

图 2-4-8　文本域属性

- 文本域：用来标识表单。
- 字符宽度：用来设置文本域中最多可显示的字符数。这里说的字符位数，是指中文所占字符位数。若"字符宽度"设置为 3，则在文本域中能看到 3 个汉字或 6 个英文字符，如图 2-4-9 所示。但是也要注意，这个属性在位数过多以后，也会出现不准确的情况，请学习者根据实际情况估算设置。
- 最多字符数：用来设定用户在文本域中最多输入的字符数，比如，身份证号有 18 位，可以在"最多字符数"文本框中限制输入长度为 18 位，如图 2-4-10 所示。这里说的 18 位，不再区分中英文字符位数，即指 18 位数字或 18 个中文。如果将"最多字符数"的文本框保留为空白，则用户可以输入任意数量的文本。

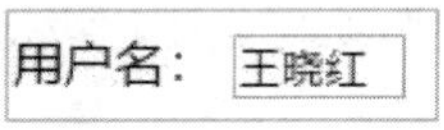

图 2-4-9　字符宽度为 3 的文本域效果 　　图 2-4-10　最多字符数为 18 的身份证号文本域效果

- 初始值：用来指定首次加载表单时文本域中显示的值。例如，在页面打开后，在身份证一栏首先看到"请输入 18 位身份证号"的信息提示，如图 2-4-11 所示。

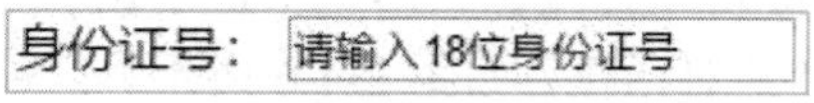

图 2-4-11　初始值设置

- 禁用：选中该复选框则禁用文本域。
- 只读：选中该复选框则使文本区域成为只读文本区域。
- 类型：用来设定文本域为单行、多行、密码域。如果选择"多行"，"属性"面板中的"最多字符数"就变为"行数"，相应的文本域也变为多行效果，如图 2-4-12 所示。如果选择"密码"，则属性设置与"单行"基本一致，在网页中输入的密码会以星号代替。单行、多行、密码的显示效果如图 2-4-13 所示。

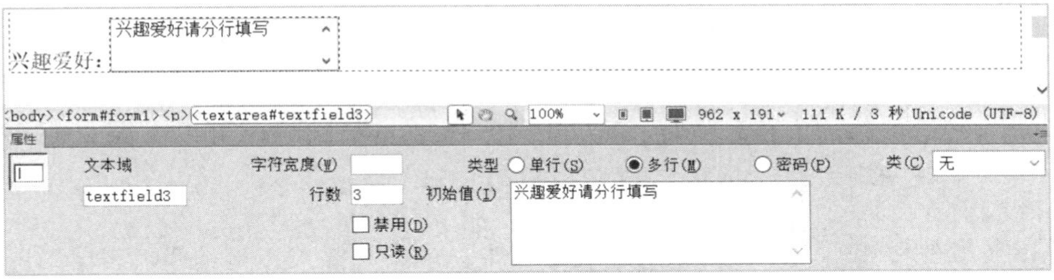

图 2-4-12　多行文本域设置

图 2-4-13　三种类型文本域显示效果

（2）插入单选按钮、单选按钮组。

①插入单选按钮。将光标定位在表单域中，单击"插入"工具栏"表单"选项卡中的"单选按钮" ，打开对话框，如图 2-4-14 所示。设置标签与位置，效果如图 2-4-15 所示。

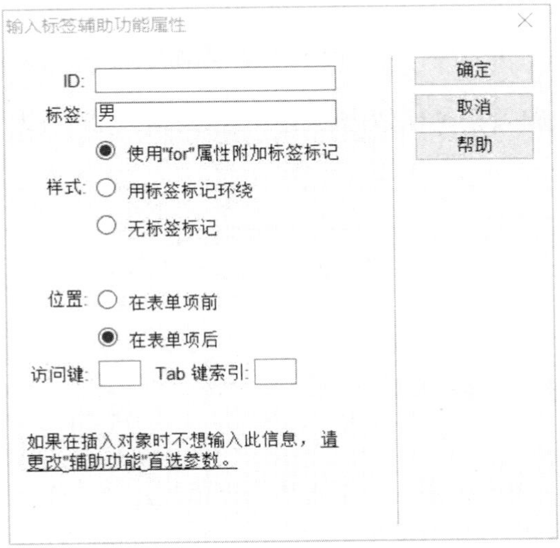

图 2-4-14　插入单选按钮

图 2-4-15　单选按钮显示效果

单击单选按钮，"属性"面板如图 2-4-16 所示。

图 2-4-16　单选按钮属性

小贴士

上例中，在预览网页时会发现，单击性别后的单选按钮，并不能实现二选一，而是两个单选按钮都能选中，分别选中这两个单选按钮，会发现在"属性"面板中单选按钮的名称分别为"radio"和"radio2"，这说明这两个单选按钮是各自独立的，不属于同一分组。此时有两个解决方案，一是将名称统一变为"radio"，二是使用单选按钮组这一技术。

②插入单选按钮组。将光标定位在表单域中，单击"插入"工具栏"表单"选项卡中的"单选按钮组"回，打开对话框，如图 2-4-17 所示。设置标签与布局，默认布局是使用换行符，即两个单选按钮是换行显示的，如果不想换行，在页面中取消换行，调整到一行就可以了，效果如图 2-4-18 所示。

图 2-4-17　插入单选按钮组　　　　　图 2-4-18　单选按钮组显示效果

利用对话框中表格布局选项，制作单选题效果是比较方便的，它会将各选项放入表格分行排列，如图 2-4-19 所示。

2016年，我国将"_____"成功发射的4月24日，设立为"中国航天日"。

A. ○ 东方红一号
B. ○ 神舟五号

图 2-4-19　单选题显示效果

（3）插入复选框、复选框组。

①插入复选框。将光标定位在表单域中，单击"插入"工具栏"表单"选项卡中的"复选框"按钮☑，打开对话框，如图 2-4-20 所示。设置标签与位置，效果如图 2-4-21 所示。

图 2-4-20　插入复选框

兴趣爱好：☑ 游泳 ☑ 羽毛球 ☑ 击剑

图 2-4-21　复选框显示效果

单击复选框，"属性"面板如图 2-4-22 所示，为了后续收集整理数据，也建议把同组的复选框名称统一。

图 2-4-22　复选框属性

②插入复选框组。将光标定位在表单域中，单击"插入"工具栏"表单"选项卡中的"复选框组"按钮，打开对话框，如图 2-4-23 所示。设置标签与位置同单选按钮组类似，就不再阐述了。

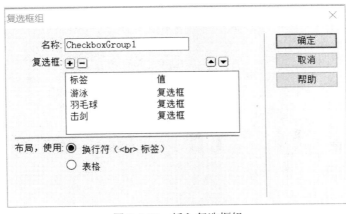

图 2-4-23　插入复选框组

（4）插入列表/菜单。

①插入列表/菜单。将光标定位在表单域中，单击"插入"工具栏"表单"选项卡中的"选择（列表/菜单）"按钮，打开对话框，如图 2-4-24 所示。设置标签与位置，效果如图 2-4-25 所示。

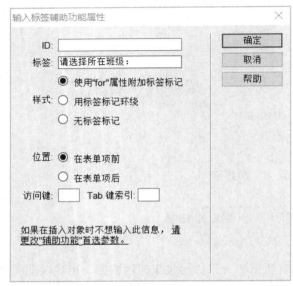

图 2-4-24　插入列表/菜单

请选择所在班级：

图 2-4-25　列表/菜单显示效果

②设置属性。单击列表/菜单，"属性"面板如图 2-4-26 所示。

图 2-4-26　列表/菜单属性

- 类型：可选择列表或菜单。列表和菜单的外观区别如图 2-4-27 所示。
- 列表值：用来设定列表/菜单中的内容，单击该选项，打开如图 2-4-28 所示的对话框。

图 2-4-27　列表/菜单外观

图 2-4-28　列表值

- 初始化时选定：用来设定当页面载入后，列表/菜单显示的内容。
- 高度、选定范围：如果是列表，"属性"面板中还会有高度和选定范围两个选项，用来设置列表的高度和是否能多选。

（5）插入跳转菜单。

①插入跳转菜单。将光标定位在表单域中，单击"插入"工具栏"表单"选项卡中的"跳转菜单"按钮 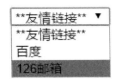，打开对话框，如图 2-4-29 所示。设置文本与 URL，此时要注意 URL 既可以是站内链接也可以是站外链接，如果是站内链接，选择"浏览"按钮在站点内选择要链接的网页即可，如果是站外链接，直接输入网站地址就可以，效果如图 2-4-30 所示，此时打开下拉菜单，选中任一项即可链接到目标地址。

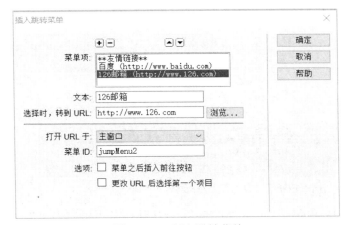

图 2-4-29　插入跳转菜单　　　　　　图 2-4-30　跳转菜单显示效果

小贴士　　　　　一般情况下，跳转菜单第一项可设置为内容提示，不做链接。

②设置属性。单击跳转菜单，"属性"面板如图 2-4-31 所示，单击"列表值"选项，可以进行修改。

图 2-4-31　跳转菜单属性

（6）插入文件域。将光标定位在表单域中，单击"插入"工具栏"表单"选项卡中的"文件域"按钮 ，打开对话框，如图 2-4-32 所示。设置标签与位置，效果如图 2-4-33 所示，单击其后的"浏览"按钮，就可以打开资源管理器，选择文件。

（7）插入按钮。将光标定位在表单域中，单击"插入"工具栏"表单"选项卡中的"按钮" ，不需要设置，直接单击"确定"即可，此时页面中插入一个按钮，按钮默认显示"提交"，选中按钮，观察"属性"面板，如图 2-4-34 所示。

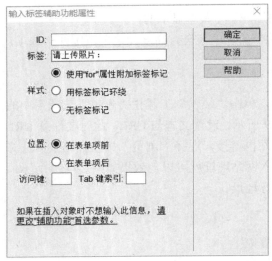

图 2-4-32　插入文件域

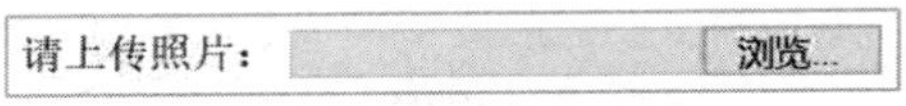

请上传照片：　　　　　　　　　　　　　浏览…

图 2-4-33　文件域显示效果

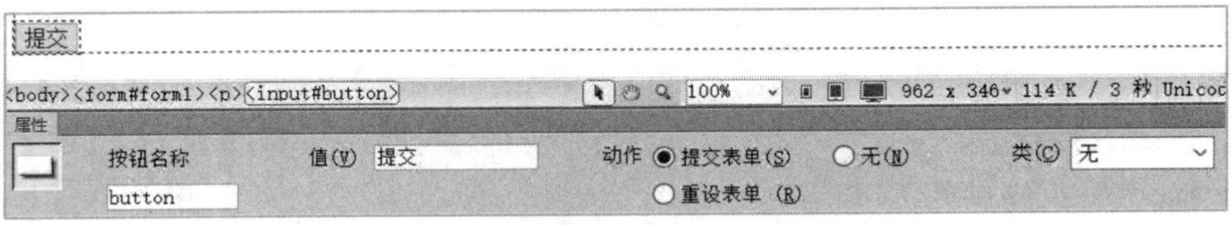

图 2-4-34　插入按钮及"属性"面板设置

在"属性"面板中可以看到，按钮的默认值是"提交"，默认动作是"提交表单"。值和动作是两个关键属性，值决定了按钮表面显示的内容，动作决定了浏览者单击按钮时触发的实际操作，所以这两个属性都要明确设定。

任务实现

实训：制作用户调查表

制作用户调查表

1．成果预期

调查表是被广泛应用的信息反馈方式之一。本任务在熟练使用表单及表单对象基本操作的基础上，重点使学习者掌握使用表单及表单对象实现信息收集反馈的方法，掌握插入表单对象、调整表单对象属性、布局页面等技术的基本使用。

2．过程实施

（1）新建网页。在站点中新建一个网页文件，将其命名为 1.html。

（2）插入表格。在网页中插入一个 1 行 1 列的表格，设置表格宽度为 1024px，边框为 0，单元格边距为 0，单元格间距为 0，对齐方式为居中对齐。

（3）放入背景图像。切换至"拆分"视图，找到<table>标记，添加背景图像属性 background="bg.jpg"和表格高度属性 height="700"，如图 2-4-35 所示。

图 2-4-35　表格效果

（4）插入表单域和字段集。将表格中单元格对齐方式为水平居中、垂直居中，在单元格中定位光标，插入一个 1 行 1 列、宽度 550px、边框为 0、单元格边距为 0、单元格间距为 0 的表格。将光标定位于该表格的单元格中，单击插入表单按钮□，插入表单域。在表单域中定位光标，单击插入字段集按钮□，在打开的对话框中，输入标签"用户调查表"，效果如图 2-4-36 所示。

图 2-4-36　字段集效果

（5）字段集中插入表格。在字段集中定位光标，插入一个 15 行 1 列、宽度 400px、边框为 0、单元格边距为 0、单元格间距为 0 的表格，设置为居中显示，切换到"拆分"视图，设置该表格背景颜色属性为 bgcolor="#E4E4E4"。效果如图 2-4-37 所示。

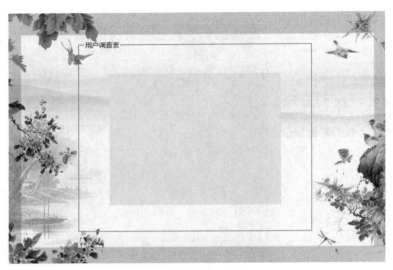

图 2-4-37　页面效果

（6）插入表单对象。在调查表中依次插入表单对象，如果想插入空格，可选择"插入"工具栏"文本"选项卡中的"不换行空格"按钮，如图 2-4-38 所示。

图 2-4-38　插入空格

（7）预览页面效果。如图 2-4-39 所示。

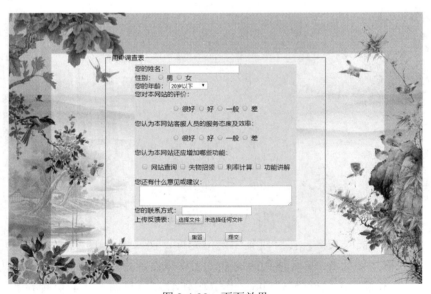

图 2-4-39　页面效果

学习小测

1. 知识测试

请完成以下单项选择题

（1）表单包括表单域和（　　）。

    A．表单对象　　B．单元格　　　　C．框架集　　　　D．布局表格

（2）表单域，是由（　　）围成的一个矩形区域。

    A．黑色实线　　B．红色实线　　　C．灰色虚线　　　D．红色虚线

（3）文本域包括单行文本域、多行文本域、（　　）三种形式。

    A．列表　　　　B．字段集　　　　C．密码域　　　　D．文本区域

（4）文本域中的"最多字符数"属性用来设定用户在文本域中（　　）。

    A．最多可输入的字符数　　　　　B．最多可显示的字符数

    C．最多可接收的字符数　　　　　D．最多可识别的字符数

请完成以下判断题

（1）表单域的"动作"属性用来指定处理数据的脚本路径。　　　　　（　　）

（2）文本域中的"字符宽度"属性用来设置文本域中可被识别的字符数。（　　）

（3）在网页中输入的密码会以星号代替。　　　　　　　　　　　（　　）

（4）跳转菜单中的"URL"属性只能是站内链接。　　　　　　　（　　）

（5）提交按钮只要按钮表面显示为"提交"即可。　　　　　　　（　　）

2. 技术实战

主题：制作电商类站点——用户注册页面

要求：页面使用表格布局，要求按照实际需求至少包括用户名、密码，适当选用背景图修饰页面，要熟练使用表单及表单对象的基本操作技术。最终效果可参考图 2-4-40。

图 2-4-40　参考效果

任务 5　使用 HTML 辅助 Dreamweaver 设计制作网页元素

任务描述

本任务主要讲解使用 HTML 辅助 Dreamweaver 设计制作网页元素的方法与技巧，涉及的知识点主要有 HTML 中的图像标记、文字标记、超链接标记等，在此基础上通过"模拟制作百度首页"实训，使读者全面掌握使用 HTML 辅助 Dreamweaver 设计制作网页元素的方法与技巧。本任务通过 HTML 的知识引入，要求读者重点掌握 HTML 各标记的属性设置以及各标记间的配合使用。

知识解析

1. 图像标记

（1）插入图像的方法。在页面主体内容\<body\>…\</body\>之间，插入代码\<img src="图像文件的 URL"\>即可。其中 img 代表图像；src 代表源，即所插入图像的绝对地址，\<img\>为单标记。

（2）有关图像的属性值。

①加边框：\<img src="图像文件的 URL"　border=边界框的大小\>

②设置图像的尺寸：\<img src="图像文件的 URL"　width=宽度　height=高度\>

③给图像加超级链接：\<a href="文件的 URL"\>\<img src="图像文件的 URL"\>\</a\>

如图 2-5-1 所示，通过 HTML 在页面中加入图像素材，单击该图像链接至百度百科"天问一号"词条。

图 2-5-1　页面预览效果

关于\<img\>的属性还有很多，这里只介绍了最常用的，其余属性在后续任务制作中随时讲解。

2. 文字标记

（1）模糊定义文字大小。

①显示小字体：<small>…</small>

②显示大字体：<big>…</big>

在<body>标记中输入代码，效果如图2-5-2所示。

图2-5-2 显示大、小字体

小贴士　　在源代码区中输入语句后，在网页编辑区看不到效果，需要在预览时才能看到最终效果。

（2）准确设置文字大小。

语句：<font size=字号>…</font>

在<body>标记中输入代码，效果如图2-5-3所示。

图2-5-3 设置文字大小

（3）字体选择。

语句：<font face=字体>…</font>

小贴士　　有时为了防止机器中没有指定的字体，可以将多个字体赋给 face 这个属性，如<font face="隶书,Arial,宋体">字体设置</font>，若第一种字体没有，则用第二个，依此类推，每种字体间用逗号分隔。

（4）文字样式。文字样式见表2-5-1。效果如图2-5-4所示。

表2-5-1 文字样式

文字样式	语句	举例
粗体	…	粗体
斜体	<i>…</i>	<i>斜体</i>
下划线	<u>…</u>	<u>下划线</u>
删除线	<strike>…</strike>	<strike>删除线</strike>

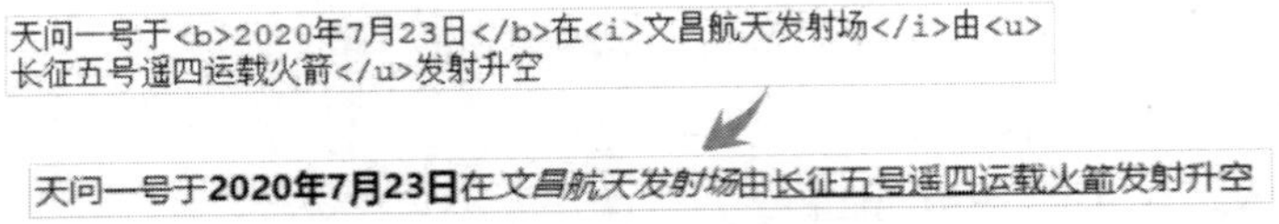

天问一号于\2020年7月23日\在\<i>文昌航天发射场\</i>由\<u>长征五号遥四运载火箭\</u>发射升空

天问一号于**2020年7月23日**在*文昌航天发射场*由<u>长征五号遥四运载火箭</u>发射升空

图 2-5-4 文字样式

（5）设置上、下标。页面中有时会出现一些数学公式，可以使用下列标记实现数学公式中的上下标效果。

①上标：\^{…\}

②下标：_{…\}

在\<body>标记中输入代码，效果如图 2-5-5 所示。

(x_{1\}+x_{2\})\^{2\}=x_{1\}\^{2\}+2x_{1\}x_{2\}+x_{2\}\^{2\}

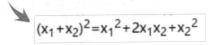

$$(x_1+x_2)^2=x_1{}^2+2x_1x_2+x_2{}^2$$

图 2-5-5 上下标样式

（6）特殊效果——"跑马灯"。在浏览网站时，有时会在网页中发现一些滚动的文字特效，我们把这种效果称为"跑马灯"效果。该效果使用\<marquee 属性值>…\</marquee>实现，其中常用属性值有 7 项，具体内容见表 2-5-2。

表 2-5-2 跑马灯的常用属性值

属性值	说明
align	设置跑马灯前后的文字与跑马灯排列的对应关系，共有三个值，分别是：top、middle、bottom
behavior	设置滚动的效果。共有三个值，分别是：scroll（单项循环运动），slide（碰到边界后停止），alternate（在限定的范围内左右两边弹来弹去）
direction	设置滚动方向，共有四个值，分别是：left、right、up、down
height、width	设置跑马灯的高与宽
loop	设置滚动的次数，默认为 infinite（不限定次数）
scrollamount、scrolldelay	设置滚动时每秒移动步伐的大小以及需要多久移动一次的时间间隔（以毫秒为单位）。即：设置移动的快慢
bgcolor	设置背景颜色

3. 段落标记

常用的段落标记有两个，其中\<p>是双标记，相当于 Enter 键，在两段文字之间有明显的段落区分；\
是单标记，相当于 Shift+Enter 组合键，在两段文字之间没有明显的段落区分，即：两段之间是紧挨着的。

在\<body>标记中分别应用两个段落标记，效果如图 2-5-6、图 2-5-7 所示，请比较两者区别。

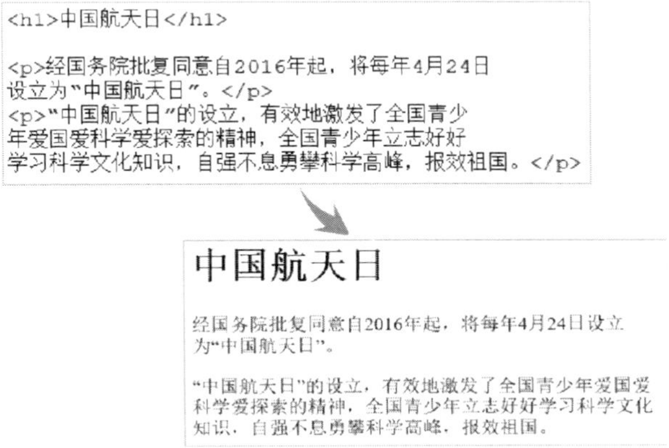

```
<h1>中国航天日</h1>

<p>经国务院批复同意自2016年起，将每年4月24日
设立为"中国航天日"。</p>
<p>"中国航天日"的设立，有效地激发了全国青少
年爱国爱科学爱探索的精神，全国青少年立志好好
学习科学文化知识，自强不息勇攀科学高峰，报效祖国。</p>
```

中国航天日

经国务院批复同意自2016年起，将每年4月24日设立
为"中国航天日"。

"中国航天日"的设立，有效地激发了全国青少年爱国爱
科学爱探索的精神，全国青少年立志好好学习科学文化
知识，自强不息勇攀科学高峰，报效祖国。

图 2-5-6　<p>标记段落样式

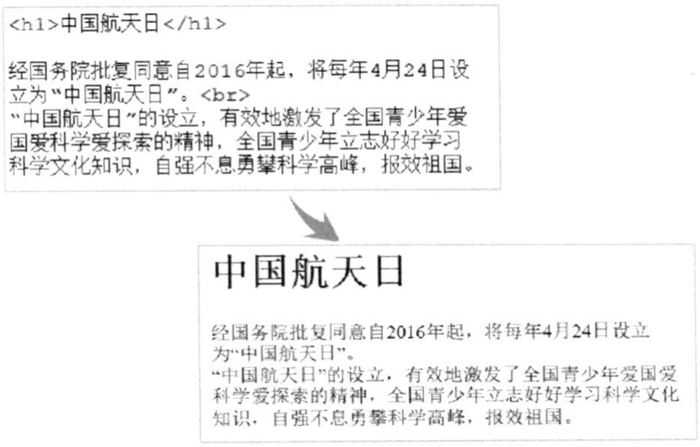

```
<h1>中国航天日</h1>

经国务院批复同意自2016年起，将每年4月24日设
立为"中国航天日"。<br>
"中国航天日"的设立，有效地激发了全国青少年爱
国爱科学爱探索的精神，全国青少年立志好好学习
科学文化知识，自强不息勇攀科学高峰，报效祖国。
```

中国航天日

经国务院批复同意自2016年起，将每年4月24日设立
为"中国航天日"。
"中国航天日"的设立，有效地激发了全国青少年爱国爱
科学爱探索的精神，全国青少年立志好好学习科学文化
知识，自强不息勇攀科学高峰，报效祖国。

图 2-5-7　
标记段落样式

4. 在页面中加入声音

（1）以超级链接的方式加入声音文件。使用<a href="歌曲文件名">网页内容</a>就可以实现超级链接的方式加入声音文件，在<body>标记中输入代码，效果如图 2-5-8 所示，歌曲的名字以超级链接方式显示，点击歌曲名就能激活播放器播放相应的歌曲。

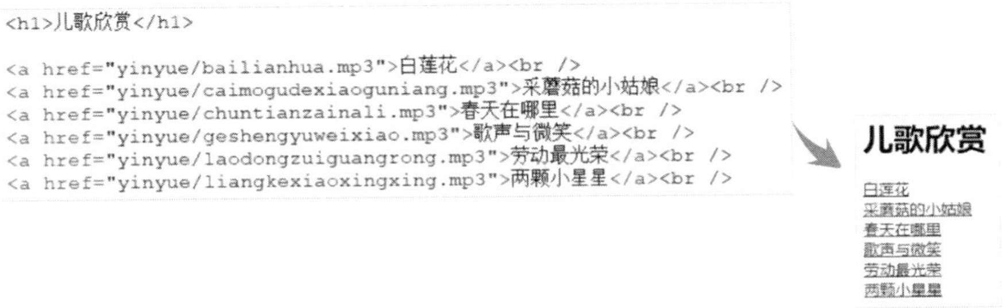

```
<h1>儿歌欣赏</h1>

<a href="yinyue/bailianhua.mp3">白莲花</a><br />
<a href="yinyue/caimogudexiaoguniang.mp3">采蘑菇的小姑娘</a><br />
<a href="yinyue/chuntianzainali.mp3">春天在哪里</a><br />
<a href="yinyue/geshengyuweixiao.mp3">歌声与微笑</a><br />
<a href="yinyue/laodongzuiguangrong.mp3">劳动最光荣</a><br />
<a href="yinyue/liangkexiaoxingxing.mp3">两颗小星星</a><br />
```

儿歌欣赏

白莲花
采蘑菇的小姑娘
春天在哪里
歌声与微笑
劳动最光荣
两颗小星星

图 2-5-8　超级链接方式加入声音文件样式

（2）加入背景音乐。在使用 IE 浏览器打开网页时，可以使用<bgsound src="文件名" loop=infinite>为网页加入背景音乐，其中 loop 代表循环播放，其值 infinite 表示无限次循环，loop 还可以等于具体的数字，如 loop=3 表示播放 3 次。

5. 自动更新页面内容

（1）自动更新网页内容。这种技术的效果是用户载入该网页后，并未执行任何操作，浏览器就会自动重复载入同一网页。

要实现这种效果，需要用到<meta>标记，它是一个放到<head>中的标记。<meta>标记有如下属性值。

- http-equiv：将此属性设置为 refresh（刷新，重新装入网页），此标记大小写均可。
- content：设置经过多久时间后要重读网页，单位为秒。

在<head>标记中输入代码，效果如图 2-5-9 所示，此例中网页会每隔 10 秒重新载入一次。

```
1  <!DOCTYPE html PUBLIC "-//W3C//DTD XHTML 1.0 Transitional//EN"
   "http://www.w3.org/TR/xhtml1/DTD/xhtml1-transitional.dtd">
2  <html xmlns="http://www.w3.org/1999/xhtml">
3  <head>
4  <meta http-equiv="Content-Type" content="text/html;
   charset=utf-8" />
5
6  <meta http-equiv="refresh" content=10>
7
8  <title>自动更新的范例</title>
9  </head>
```

图 2-5-9　自动更新网页内容

（2）自动切换网页。这种技术的效果是用户载入该网页后，并未执行任何操作，浏览器就会自动切换至另一个网页的内容，如果在一组网页中都添加该效果，就类似于不断切换的幻灯片。

使用<meta http-equiv="refresh" content="等待的秒数；URL=要装入的另一个网页的URL">可实现。

在<head>标记中输入代码，效果如图 2-5-10 所示，此例中网页会在十秒后自动切换到"百度"的主页。

```
1  <!DOCTYPE html PUBLIC "-//W3C//DTD XHTML 1.0 Transitional//EN"
   "http://www.w3.org/TR/xhtml1/DTD/xhtml1-transitional.dtd">
2  <html xmlns="http://www.w3.org/1999/xhtml">
3  <head>
4  <meta http-equiv="Content-Type" content="text/html;
   charset=utf-8" />
5
6  <meta http-equiv="refresh" content="10;URL=http://www.baidu.com">
7
8  <title>自动切换的范例</title>
9  </head>
```

图 2-5-10　自动切换网页

任务实现

实训：模拟制作百度首页

模拟制作百度首页

1. 成果预期

鉴于 HTML 语言的特点，独立使用 HTML 语言制作网页对于初学者来说存在一定的困难，一般情况下，HTML 是辅助 Dreamweaver 完成网页制作。本任务在初步认识 HTML 语言的基础上，重点是使学习者掌握 HTML 与 Dreamweaver 的配合使用方法，借助 Dreamweaver 的表单知识及布局技巧，完成百度首页的模拟制作。

2. 过程实施

（1）新建文档。启动 Dreamweaver，新建 HTML 文档，单击文档工具栏中的“代码”视图按钮，切换至代码状态，按照 HTML 5 规范，修改文档说明部分、<HTML>标记部分和<meta>元信息部分，修改后的效果如图 2-5-11 所示。

```
<!DOCTYPE html>
<html>
<head>
<meta charset="utf-8" />
<title>模拟制作百度首页</title>
</head>
<body>

</body>
</html>
```

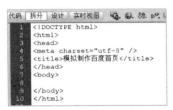

图 2-5-11　HTML5 规范的文档结构

（2）添加代码。在页面主体中添加内容，如图 2-5-12 所示。

```
<!DOCTYPE html>
<html>
<head>
<meta charset="utf-8" />
<title>模拟制作百度首页</title>
</head>
<body>
 <table width="486" border="0" align="center" cellpadding="0" cellspacing="0">
  <tr>
    <td height="130" colspan="2"><div align="center"><img src="bdlogo.gif" width="270" height="129" align="absmiddle" /></div></td>
  </tr>
  <tr>
    <td width="400" height="25"><div align="center"><a href="#">新闻</a> <a href="#">网页</a> <a href="#">贴吧</a> <a href="#">知道</a>
 <a href="#">音乐</a> <a href="#">图片</a> <a href="#">视频</a> <a href="#">地图</a></div></td>
    <td width="70"> </td>
  </tr>
  <tr>
    <td height="25"><form id="form1" name="form1" method="post" action="">
      <label>
        <input name="textfield" type="text" size="65" />
        </label>
    </form>
    </td>
    <td><form id="form2" name="form2" method="post" action="">
      <label>
      <input type="submit" name="Submit" value="百度一下" />
      </label>
        </form>
    </td>
  </tr>
  <tr>
    <td height="50" colspan="2"><div align="center"><a href="#">百科</a> <a href="#">文库</a> <a href="#">hao123</a> | <a href="#">更
多</a></div></td>
  </tr>
</table>
</body>
</html>
```

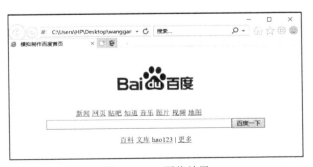

图 2-5-12　页面主体代码

（3）效果预览。保存网页，预览效果如图 2-5-13 所示。

图 2-5-13　预览效果

学习小测

1. 知识测试

请完成以下单项选择题

（1）标记<img src="图像文件的 URL">可实现插入图像。其中 img 代表图像；src 代表源，即所插入图像的（　　）。

      A．绝对地址　　　B．相对地址　　　　　C．地址　　　　　　D．所在位置

（2）为了防止机器中没有指定的字体，可以将多个字体赋给 face，若第一种字体没有，则用第二个，依此类推，每种字体间用（　　）分隔。

      A．空格　　　　　B．分号　　　　　　　C．逗号　　　　　　D．单引号

（3）<strike>是（　　）标记。

      A．下划线　　　　B．加重显示　　　　　C．斜体　　　　　　D．删除线

（4）设置上标，要使用（　　）标记。

      A．<sub>　　　　B．<b>　　　　　　　C．<sup>　　　　　　D．<p>

（5）<marquee>的属性 behavior 用来设置滚动的效果，要实现单项循环运动效果，要使用（　　）值。

      A．slide　　　　　B．alternate　　　　　C．scroll　　　　　　D．loop

请完成以下判断题

（1）<img>标记为单标记。　　　　　　　　　　　　　　　　　　　　（　　）

（2）跑马灯效果的代码为<marquee 属性值>…</marquee>。　　　　　　（　　）

（3）loop 为跑马灯效果中的一个属性，用以设置滚动的效果。　　　　（　　）

（4）模糊定义字号标记，在源代码区中输入语句后，在网页编辑区看不到效果，需要在预览时才能看到最终效果。　　　　　　　　　　　　　　　　　　　　（　　）

（5）
相当于 Enter 键，<p>相当于 Shift+Enter 组合键。　　　　　（　　）

2. 技术实战

主题：制作电商类站点——客服帮助页面

要求：调查常用电商类站点客服页面，梳理功能分区，使用记事本，正确使用 HTML 架构及标记编辑客服页面。最终效果可参考图 2-5-14。

图 2-5-14　参考效果

项目 3　素材图像的调整与修饰

项目描述

　　图像与文本一样是网页传递信息的重要手段，也是修饰网页使其更加美观的重要手段，如网页背景和边框等。学习网页制作，无疑要了解图像处理工具，并能够掌握基本操作技能，包括图像的抠取及修改、图片及文字的编辑等。本项目将介绍使用图片编辑器 Photoshop 进行图像编辑的基本技术，并在此基础上设计专题实训，帮助读者尽快掌握使用 Photoshop 制作网页素材的方法和技巧。

学习目标

- 了解编辑器 Photoshop 的工作界面
- 掌握图像素材的基础处理
- 掌握图像的抠取及编辑的基本方法
- 掌握使用图层和创建图层样式的基本方法

知识导图

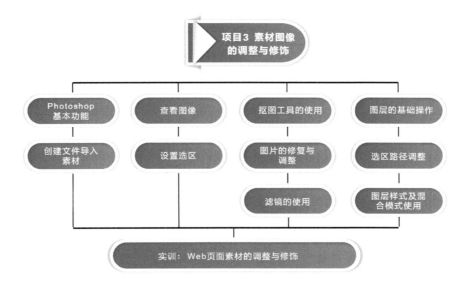

任务 1　图像素材的基础处理

本任务主要讲授如何使用 Photoshop 图片编辑器对网页素材进行基础加工和处理。涉及的知识点主要包括图像处理的基础知识、图片的调整与修复方法以及常用滤镜的使用。在此基础上通过"制作网页展示图片素材"实训，帮助读者全面掌握处理图片素材及制作网页素材的方法和技巧。本任务要求读者在掌握基本技能的同时能够综合运用图片基础处理方法和滤镜添加效果来实现网页素材的制作。

1. 常用图片格式

在进行网页图像处理前，需要先了解图像处理的基础知识，包括网页中常用的图片格式、位图、矢量图和分辨率等。

（1）图片格式。网页中的图片全部存储在网络的服务器中，用户在访问网页时通常需要将服务器中的图片下载到本地计算机缓存中才能完整显示网页，为了提高网页的浏览速度，通常会对图片的格式进行设置，减小图像的体积。Photoshop 支持 20 多种格式的图像，并可对不同格式的图像进行编辑和保存。

- JPEG（*.jpg）格式：JPEG 是一种有损压缩格式，支持真彩色，生成的文件较小，是常用的图像格式之一。JPEG 格式支持 CMYK、RGB、灰度的颜色模式，但不支持 Alpha 通道。在生成 JPEG 格式的文件时，可以通过设置压缩的类型，产生不同大小和质量的文件。压缩越大，图像文件就越小，相应的图像质量就越差。

- GIF（*.gif）格式：GIF 格式的文件是 8 位图像文件，最多为 256 色，不支持 Alpha 通道。GIF 格式的文件较小，常用于网络传输，在网页上见到的图片大多是 GIF 和 JPEG 格式的。GIF 格式与 JPEG 格式相比，其优势在于 GIF 格式的文件可以保存动画效果。

- PNG（*.png）格式：GIF 格式文件虽小，但在图像的颜色和质量上较差，而 PNG 格式可以使用无损压缩方式压缩文件，它支持 24 位图像，产生的透明背景没有锯齿边缘，所以可以产生质量较好的图像效果。

（2）位图与矢量图。位图也称像素图或点阵图，是由多个像素点组成的。将位图放大后，可以发现图像是由大量的正方形小块构成，不同的小块上显示不同的颜色和亮度。

矢量图又称向量图，是以几何学进行内容运算、以向量方式记录的图像，以线条和色块为主。矢量图形与分辨率无关，无论将矢量图放大多少倍，图像都具有同样平滑的边缘和清晰的视觉效果，更不会出现锯齿状的边缘现象，且文件尺寸小，通常只占用少量空间。

（3）分辨率。分辨率是指单位面积上的像素数量。通常用像素/英寸或像素/厘米表示，分辨率的高低直接影响图像的效果，单位面积上的像素越多，分辨率越高，图像就越清晰。分辨率过低会导致图像粗糙，在排版打印时图片会变得非常模糊，而较高的分辨率则会增加文件的大小，并降低图像的打印速度。

2. 认识编辑器

（1）开始工作区。启动 Photoshop 后，工作窗口通常会显示开始工作区，如图 3-1-1 所示。开始工作区主要用于创建新文档或打开已有文档等。

图 3-1-1　开始工作区

Photoshop 工作窗口显示模式共有 3 种：标准屏幕模式、带有菜单栏的全屏模式和全屏模式。图 3-1-1 所示为标准屏幕模式。通过选择菜单命令"视图→屏幕模式"，在标准屏幕模式、带有菜单栏的全屏模式或全屏模式之间切换，也可在工具栏中通过更改屏幕模式工具进行切换。

（2）工具栏。窗口最顶部是菜单栏，其下是选项栏。选项栏显示当前所选工具的属性设置。工具栏默认位于窗口左侧，包含用于创建和编辑图像、图稿、页面元素等的工具。工具可按类别进行分组，如图 3-1-2 所示。文档窗口显示正在处理的文件，可以将文档窗口设置为选项卡式窗口，也可根据实际情况进行分组和停放。控制面板可以帮助用户监视和修改相关工作，用户可以对面板进行编组、堆叠或停放。要隐藏或显示所有面板（包括工具栏和控制面板）可按 Tab 键，要隐藏或显示所有面板（除工具栏和控制面板之外），可同时按 Shift+Tab 组合键。状态栏通常位于文档窗口底部，显示当前图像的显示比例和文档大小等。

（3）新建文件。在 Photoshop CC 2018 版本中创建文档不必从空白画布开始，可以从各种模板中进行选择。这些模板包含资源和插图，可以以此为基础进行重新构建，从而完成项目。

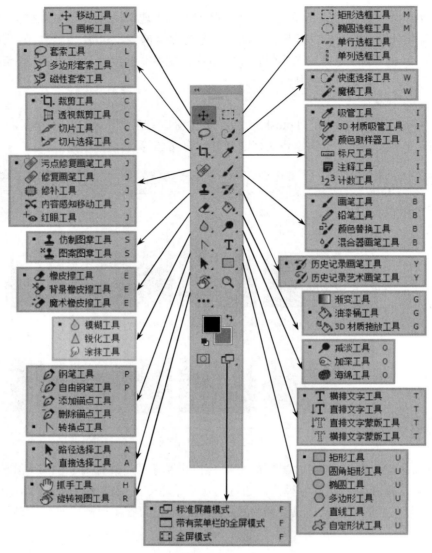

图 3-1-2　工具栏

在 Photoshop 中打开一个模板时，可以像处理其他任意 Photoshop 文档（.PSD）那样处理该模板。除了模板之外，还可以通过从大量可用的预设中选择或者创建自定义大小来创建文档；也可以存储自己的预设，以便重复使用。模板可为文档提供灵感以及可重复使用的元素。空白文档预设是指具有预定义尺寸和设置的空白文档。预设可以让设计特定设备外形规格或使用案例的过程变得更加轻松。在 Photoshop 中，新建文档的方法如下。

①使用以下方式打开"新建"对话框，如图 3-1-3 所示。

● 在 Windows 系统中按 Ctrl+N 组合键。

● 选择菜单命令"文件→新建"。

● 右击某个已打开文档左上方显示有图像名称的选项卡，然后从弹出的快捷菜单中选择"新建文档"命令。

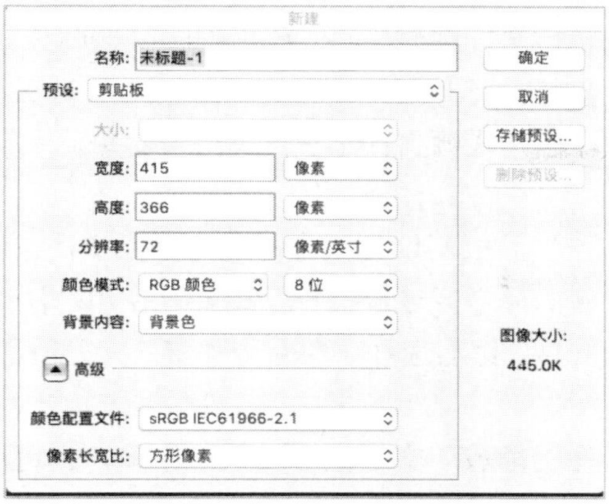

图 3-1-3 "新建"对话框

②可以根据实际需要，在"新建"对话框中使用预设的模板创建多种类别的文档，如"照片""打印""图稿和插图""Web""移动设备"以及"胶片和视频"。如选择"Web"类别后，可以选择一个预设，也可以通过更改右侧"预设详细信息"窗格中所选定预设的参数值以便创建相应尺寸的文档。

③也可以从"最近使用项"选项卡根据最近访问的文件、模板和项目快速创建相应的文档。

④也可以从"已保存"选项卡根据已存储的自定预设快速创建文档。

（4）存储文件。在 Photoshop CC 2018 中，文件的存储主要通过选择菜单命令"文件→存储"和"文件→存储为"进行。当新建的图像文件第一次存储时，这两个菜单命令功能相同，都是将当前图像命名后存储，并且都会打开如图 3-1-4 所示的"另存为"对话框。在对话框中，可以设置文件名称、保存类型和存储选项。如果勾选"作为副本"复选框，可另存一个文件副本，副本文件与原有文件保存在同一位置。选中"注释""Alpha 通道""专色"和"图层"复选框，可以存储注释、Alpha 通道、专色和图层。

图 3-1-4 "另存为"对话框

将打开的图像文件编辑后再存储时，就应该正确区分这两个命令的不同。"存储"命令是在覆盖原文件的基础上直接进行存储，不打开"另存为"对话框；而"存储为"命令仍会打开"另存为"对话框，它是在源文件不变的基础上将编辑后的文件重新命名后存储。

3. 图像处理基础知识

（1）导航器。"导航器"面板不仅可以方便地对图像文件在窗口中的显示比例进行调整，而且还可以对图像文件的显示区域进行移动选择，使用方法如下。

① 首先打开一个图像文件，然后选择菜单命令"窗口→导航器"，打开"导航器"面板，如图 3-1-5 所示。

② 要更改放大率，可在"缩放"文本框中输入一个值，也可单击"缩小"按钮或"放大"按钮，还可拖移缩放滑块。

③ 要移动图像的视图，可拖移图片缩览图中的代理预览区域，也可以单击图片缩览图来指定可查看区域。

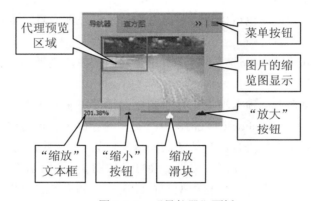

图 3-1-5　"导航器"面板

（2）缩放工具。使用缩放工具可放大或缩小图像。使用缩放工具时，每单击一次都会将图像放大或缩小到下一个预设百分比。当图像到达最大放大级别 3200% 或最小尺寸 1 像素时，放大镜看起来是灰的。缩放工具栏如图 3-1-6 所示，其使用方法如下。

图 3-1-6　缩放工具选项栏

- 在工具栏中选择缩放工具，接着在选项栏中单击按钮，此时在图像窗口中单击图像，图像将放大显示一级。
- 在选项栏中单击按钮，此时在图像窗口中单击图像，图像将缩小显示一级。
- 选择"调整窗口大小以满屏显示"复选框，在缩放窗口的同时自动调整窗口的大小。
- 选择"缩放所有窗口"复选框，可以同时缩放所有打开的文档窗口中的图像。
- 选择"细微缩放"复选框，按住鼠标左键左右拖动可缩放图像。
- 单击"100%"按钮或双击工具箱中的缩放工具，将以 100% 显示图像。100% 的缩放设置提供最准确的视图，因为每个图像像素都以一个显示器像素来显示。

- 单击"适合屏幕"按钮可以在窗口中最大化显示完整的图像。
- 单击"填充屏幕"按钮可以使图像充满文档窗口显示。

图像的缩放也可通过"视图"菜单中的相应命令或在图像上右击，在弹出的快捷菜单中选择相应的命令进行，如图 3-1-7 所示。

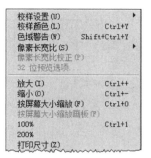

图 3-1-7　"视图"菜单命令和鼠标右键快捷菜单命令

（3）抓手工具。图像放大显示后，如果图像无法在窗口中完全显示出来时，可以在工具栏中选择抓手工具，然后在图像中按下鼠标左键拖拽，在不影响图像在图层中相对位置的前提下平移图像在窗口中的显示位置，以观察图像窗口中无法显示的图像。

（4）旋转视图工具。如果仅仅是旋转图像方便查看而不存在对图像本身的修改，可在工具栏中选择旋转视图工具，然后在图像中按下鼠标左键顺时针或逆时针旋转或在旋转视图工具选项栏的"旋转角度"文本框中输入旋转的度数（顺时针为正数，逆时针为负数），在不影响图像的前提下旋转图像在窗口中的显示位置。如果要恢复原视图，可在选项栏中单击"复位视图"按钮。

（5）图像的排列方式。当打开多幅图像文件时，通常只有当前文件显示在工作区中，选择"窗口→排列"中的相应命令可根据需要更改图像的排列方式。

- 选择菜单命令"文件→打开"，在打开的"打开"对话框中按住 Ctrl 键不放，用鼠标左键依次选中 4 个图像文件，然后单击"打开"按钮打开图像文件。此时所有打开的图像文件都以选项卡的形式显示，要想显示图像必须单击其选项卡，使其成为当前图像。
- 选择菜单命令"窗口→排列→使所有内容在窗口中浮动"，图像以浮动状态显示。
- 选择菜单命令"窗口→排列→四联"，4 幅图像依次在工作区中显示。
- 在工具栏中选择抓手工具，并在选项栏中选择"滚动所有窗口"复选框，然后在任意一幅图像显示区域中单击鼠标并拖动，即可改变所有打开图像的显示区域内容。
- 选择菜单命令"窗口→排列→将所有内容合并到选项卡中"，此时所有打开的图像文件都以选项卡的形式显示。

（6）设置前景色和背景色。在 Photoshop 中使用各种绘图工具时，通常要提前设定颜色，包括前景色和背景色。前景色决定了使用绘图工具绘制图形以及使用文字工具创建文字时的颜色。背景色决定了使用橡皮擦工具擦除图像时，擦除区域呈现的颜色以及增加画布大小时新增画布的颜色。

- 在工具栏中，单击底部的颜色设置组件中的图标，可以切换前景色和背景色，单击图标可以恢复默认的前景色和背景色，如图 3-1-8 所示。
- 单击颜色设置组件中的前景色或背景色图标，打开"拾色器"对话框，可设置前景色或背景色。

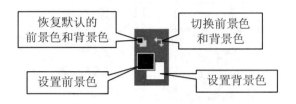

图 3-1-8　颜色设置

（7）填充与描边。填充是指在图像或选区内填充颜色，描边则是指为选区描绘可见的边缘，填充时可使用工具栏中的油漆桶工具和菜单命令"编辑→填充"，描边可使用菜单命令"编辑→描边"，下面举例说明使用方法。

- 打开素材图片，在工具栏中将前景色设置为#e0d2af，如图 3-1-9 所示。
- 在工具栏中选择椭圆选框工具，然后创建一个椭圆形选区，如图 3-1-10 所示。

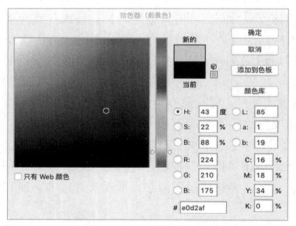

图 3-1-9　设置前景色

图 3-1-10　椭圆形选择区

- 在工具栏中选择油漆桶工具，在选项栏中设置使用前景色填充选区，模式为"正常"，不透明度为 50%，容差为 150，如图 3-1-11 所示。

图 3-1-11　油漆桶工具选项栏

- 将鼠标指针移至创建的选区内并单击，此时将使用设置的前景色填充指定容差内的所有指定像素，如图 3-1-12 所示。

图 3-1-12　填充选区

● 选择菜单命令"选择→取消选择"，可以取消选择框。

> 小贴士 　　　油漆桶工具可以填充颜色值与单击像素相似的相邻像素，但不能用于位图模式的图像。容差用于定义一个颜色相似度（相对于用户所单击的像素），一个像素必须达到此颜色相似度才会被填充。值的范围可以从 0～255。低容差会填充颜色值范围内与所单击像素非常相似的像素，高容差则填充更大范围内的像素。"消除锯齿"主要用于平滑填充选区的边缘。如果仅填充与所单击像素邻近的像素可选择"连续"选项，否则仅填充图像中的所有相似像素。如果基于所有可见图层中的合并颜色数据填充像素，需要选择"所有图层"选项。

● 在工具栏中将前景色设置为#e5b3ac，然后在工具栏中选择椭圆选框工具，在图像中再创建一个椭圆形选区，如图 3-1-13 所示。

图 3-1-13　创建选区

● 选择菜单命令"编辑→填充"，打开"填充"选项栏，参数设置如图 3-1-14 所示。

| | 前景 ⇕ | 模式: 正常 ⇕ | 不透明度: 80% ▾ | 容差: 150 | ☑ 消除锯齿 □ 连续的 □ 所有图层 |

图 3-1-14　"填充"选项栏

- 单击按钮应用填充效果，如图 3-1-15 所示。
- 接着选择菜单命令"编辑→描边"，打开"描边"对话框，设置描边宽度为 5 像素，颜色为#ffffff，位置为居外，如图 3-1-16 所示。

图 3-1-15　填充效果　　　　　　　　　图 3-1-16　"描边"对话框

- 单击"确定"按钮并选择菜单命令"选择→取消选择"，取消选择框。
- 将图像重命名保存。

（8）渐变工具。渐变工具可以创建多种颜色间逐渐过渡混合的效果。用户可以从预设渐变填充中选取或创建自己的渐变，但无法在位图或索引颜色图像中使用渐变工具。下面举例说明在制作页眉部分时，渐变工具和蒙版相结合可以制作出两幅图逐渐柔和过渡的效果，方法如下。

- 分别打开两个图像文件，如"1.jpg"和"2.jpg"。
- 在图像"2.jpg"中选择菜单命令"选择→全部"，然后选择菜单命令"编辑→拷贝"。
- 切换到图像窗口"1.jpg"，然后选择菜单命令"编辑→粘贴"，将图像粘贴到窗口中。在工具栏中选择移动工具把它移到最左端。效果如图 3-1-17 所示。

图 3-1-17　导入素材效果

● 选择菜单命令"窗口→图层",打开"图层"面板,在"图层 1"处于选中的状态下,单击面板底部的按钮添加图层蒙版。在工具栏中选择渐变工具,选项栏参数设置如图 3-1-18 所示。

图 3-1-18　渐变工具选项栏

● 将鼠标指针定位在图像最左端并向右拖拽到适当位置,释放鼠标,效果如图 3-1-19 所示,最后将文件命名保存。

图 3-1-19　渐变效果

（9）绘图工具组。绘图工具组具体包括"画笔工具""铅笔工具""颜色替换工具"和"混合器画笔工具"。

①画笔工具:类似于传统的毛笔,可以绘制各类柔和或硬朗的线条,也可画出预定义好的图案（笔刷）。

②铅笔工具:可以模拟铅笔绘画的风格和效果,绘制一些边缘硬朗、无发散效果的线条或图案。"铅笔工具"与"画笔工具"的用法基本相同。

③颜色替换工具:可以在保留图像纹理和阴影不变的情况下,快速将涂抹区域的颜色替换为前景色。

④混合器画笔工具:可将前景色和图像（画布）上的颜色进行混合,模拟出真实的绘画效果。

使用画笔工具、铅笔工具和颜色替换工具的具体方法如下。

● 在工具栏中选择画笔工具。

● 单击切换画笔面板按钮,打开"画笔"面板,选取适合的画笔笔尖形状,同时设置好模式、不透明度等工具选项,如图 3-1-20 所示。

图 3-1-20　画笔工具选项栏

在画笔工具的选项栏中，"模式"选项用于设置将绘画的颜色与下面的现有像素混合的方法，可用模式将根据当前选定工具的不同而变化。"不透明度"选项用于设置应用的颜色的透明度，如果不透明度为100%则表示不透明。"流量"选项用于设置当将指针移动到某个区域上方时应用颜色的速率，在某个区域上进行绘图时，如果一直按住鼠标，颜色量将根据流动速率增大，直至达到不透明度设置。

- 在图像中单击并拖动鼠标指针进行绘图，要绘制直线可在图像中单击起点，然后按住 Shift 键并单击终点。
- 在工具栏中选择铅笔工具，并设置好选项栏相关参数。铅笔工具选项栏中的"自动抹除"选项表示在包含前景色的区域上方绘制背景色。
- 在工具栏中选择椭圆形工具，然后在图像中创建选区。
- 可以选择颜色替换工具，在选项栏中设置相关参数。

在"取样"选项中，"连续"表示在拖动时连续对颜色取样，"一次"表示只替换包含第一次单击颜色区域中的目标颜色，"背景色板"表示只替换包含当前背景色的区域。在"限制"菜单中，"不连续"表示替换出现在指针下任何位置的取样颜色，"连续"表示替换与紧挨在指针下的颜色邻近的颜色，"查找边缘"表示替换包含取样颜色的连接区域，同时更好地保留形状边缘的锐化程度。在"容差"选项中，如果选择较低的百分比，则替换与所单击像素非常相似的颜色；如果选择较高的百分比，则替换范围更广的颜色。要为所校正的区域生成平滑的边缘，需选择"消除锯齿"选项。

（10）图像和画布大小。图像大小与图像的像素大小成正比。图像中包含的像素越多，在给定的尺寸上显示的细节也就越丰富。因此，在图像品质（保留所需要的所有数据）和文件大小难以两全的情况下，图像分辨率成为了它们之间的折中办法。画布大小是图像的完全可编辑区域。"画布大小"命令可让用户增大或减小图像的画布大小，增大画布的大小会在现有图像周围添加空间，可以利用这一特点给图像增加边框效果。

调整图像和画布大小的方法是选择菜单命令"图像→图像大小"，打开"图像大小"对话框，根据实际需要调整图像的宽度和高度，如果勾选"相对"选项，可以直接输入要从图像的当前画布大小添加或减去的数量。

在"图像大小"对话框左侧的预览区内拖动图像可查看图像未显示的其他区域。要更改预览显示比例，可按住 Ctrl 键（Windows 系统）并单击预览图像以增大显示比例，按住 Alt 键（Windows 系统）并单击以减小显示比例。单击之后，显示比例的百分比将简短地显示在预览图像的底部附近。要更改像素尺寸的度量单位，可单击"尺寸"后面的按钮并从弹出的菜单中选取。要保持最初的宽高度量比，确保启用约束比例选项。如果要分别缩放宽度和高度，需单击图标以取消宽高的链接。

在"画布大小"对话框中，勾选"相对"选项，输入一个正数将为画布添加一部分，输入一个负数将从画布中减去一部分。对于"定位"，单击某个方块以指示现有图像在新画布上所处的具体位置。在"画布扩展颜色"选项中，可从下拉列表框中选取相关选项，也可单击下拉列表框右下，图像外侧的白色方框来打开拾色器进行设置。如果图像不包含背景图层，则"画布扩展颜色"下拉列表框不可用。

（11）擦除工具。擦除工具通常有橡皮擦工具、背景橡皮擦工具和魔术橡皮擦工具 3 种。

①橡皮擦工具用于在图像中涂抹可擦除图像。在工具栏中选择橡皮擦工具后，可根据需要在属性选项栏中设置相关参数，包括橡皮擦大小、模式和不透明度等，然后按住鼠标直接在图像中擦除不需要的部分即可。如果存在多个图层，擦除当前图层中的图像后，将会显示擦除区域下一图层的内容。

②背景橡皮擦工具是一种智能橡皮擦，具有自动识别图像边缘的功能，可采集画面中心的色样，并删除在画笔内出现的颜色，使擦除区域成为透明区域。

③魔术橡皮擦工具具有自动分析图像边缘的功能，用于擦除图层中具有相似颜色范围的区域，并以透明色代替被擦除区域。

4. 图片的修复与调整

若需要用来制作网站素材的图片不能完全符合制作要求或存在杂点、划痕、破损、瑕疵等问题，那么可以使用 Photoshop 进行修复和调整。

（1）修复图片。修复调整图片可通过污点修复画笔工具组、图章工具组、模糊工具组、减淡工具组来完成。

①修复工具组。

● 修复画笔工具：可以清除图像中的杂质、污点等。在修复图像时，"修复画笔工具"的用法与图章工具组类似，不同的是，"修复画笔工具"能够将取样点的图像自然融入到目标位置，使被修复的图像区域和周围的区域完美融合。

● 污点修复工具：可以快速去除照片中的污点和其他不理想的部分，其工作方式与"修复画笔工具"相似，不同之处是"污点修复工具"可以自动从所修复区域的周围取样，而无需定义取样点。

● 修补工具：其作用、原理和效果与"修复画笔工具"相似，但使用方法有所区别，"修补工具"是基于选区修复图像的，在修复图像前，必须先制作选区。

● 红眼工具：用于修复相片中的红眼现象。选择工具后，在相片中的红眼上单击即可修复红眼。

● 内容感知移动工具：将选中的对象移动或扩展到图像的其他区域后，可以重组和混合对象，产生出新的视觉效果，具体操作请参考后面的案例实施。

②图章工具组。

● 仿制图章工具：可以将取样仿制的图像应用到图像的其他区域或其他图像，起到复制对象或修复图像不足的作用。

- 图案图章工具：可以使用预置或者自己定义的图案在图像上进行喷绘。

③模糊工具组。

- 模糊工具：可以柔化图像，减少图像的细节。
- 锐化工具：可以增强相邻像素之间的对比，提高图像的清晰度。
- 涂抹工具：可以拾取鼠标单击点的颜色，并沿拖移的方向展开这种颜色，模拟出类似于手指拖过湿颜料时的效果。

④减淡工具组。

- 减淡工具、加深工具：可以改变图像的曝光度，从而使图像中的某个区域变亮或变暗。
- 海绵工具：可以修改色彩的饱和度。

（2）调整图片。调整图片主要是针对图像的尺寸及色彩这两方面。主要用到的工具有图像旋转工具及变换工具，色彩方面主要是通过调整图像色彩及曝光来调整图像色彩效果。

①图像旋转。使用"图像→图像旋转"中的相应菜单命令可以旋转或翻转整个图像，这些命令不适用于单个图层或图层的一部分、路径以及选区边界。如果要旋转选区或图层，可使用"变换"或"自由变换"命令。

- 180 度：表示将图像旋转半圈。
- 顺时针 90 度：表示将图像顺时针旋转四分之一圈。
- 逆时针 90 度：表示将图像逆时针旋转四分之一圈。
- 任意角度：表示按指定的角度旋转图像，可在"角度"文本框中输入一个"-359.99～359.99"度的角度，水平或垂直翻转画布表示沿着相应的轴翻转图像。

②变换操作。使用"编辑→变换"中的相应菜单命令可以对图像进行缩放、旋转、斜切、扭曲或变形等处理。可以向选区、整个图层、多个图层或图层蒙版应用变换，还可以向路径、矢量形状、矢量蒙版、选区边界或 Alpha 通道应用变换。但变换操作不能针对背景图层进行，具体操作方法如下。

- 选择菜单命令"编辑→变换→缩放"，拖动手柄对目标对象进行缩放，按 Enter 键确定变换。
- 选择菜单命令"编辑→变换→扭曲"，拖动手柄对目标对象进行扭曲，按 Enter 键确定变换。

③自由变换。使用菜单命令"编辑→自由变换"可以一次性完成"变换"子菜单中的所有操作，而不用多次选择不同的命令，具体操作如下。

- 选择菜单命令"编辑→自由变换"，拖动定界框上任何一个手柄可以进行缩放。

　　　按住 Shift 键可按比例缩放，在选项栏的 W 和 H 文本框中输入数值可以进行精确缩放，W 和 H 之间的 按钮表示锁定比例，在 X 和 Y 文本框中输入数值可以水平和垂直移动图像。

- 将鼠标指针移到定界框外，当指针显示为旋转箭头形状时，按下鼠标并拖动即可进行自由旋转。旋转的过程中，图像的旋转会以定界框的中心点位置为旋转中心。拖动时按住 Shift 键可以 15 度递增。在选项栏的文本框中输入数字可以按指定角度精确旋转。

小贴士

> 按住 Alt 键时拖动手柄可对图像进行扭曲操作，按住 Ctrl 键时可以随意更改控制点位置，对定界框进行自由扭曲变形。按住 Ctrl+Shift 组合键拖动手柄可对图像进行斜切操作，也可以在选项栏中最右边的 H 和 V 文本框中输入数值，设定水平和垂直斜切的角度。

④图像裁剪。对图像进行裁剪可以使用裁剪工具和相关命令进行。使用裁剪工具可以将图像多余的部分裁剪掉，并重新定义画布的大小。

具体方法为打开图像，在工具栏中选择裁剪工具后，在窗口中会出现一个裁剪框，根据实际需要调整裁剪框大小和位置，然后按 Enter 键或在选项栏单击"确认"按钮完成裁剪操作。

⑤快速调整图像。使用快速调整图像命令无须设置任何参数，即可在图像上显示效果，非常方便快捷。可以快速调整图像的命令有"自动色调""自动对比度""自动颜色""去色"和"反相"等。

- 自动色调：可以自动调整图像中的黑场和白场，将每个颜色通道中最亮和最暗的像素映射到纯白和纯黑，中间像素值按比例重新分布，从而增强像素的对比度。
- 自动对比度：可以自动调整一幅图像亮度和暗部的对比度，它将图像中最暗的像素转换成黑色，最亮的像素转换为白色，从而增大图像的对比度。
- 自动颜色：通过搜索图像来标识阴影、中间调和亮光，并将阴影和高光像素默认剪切 0.5%。
- 去色：可以将图像中所有颜色的饱和度设置为 0。
- 反相：用于产生原图像的负片，当使用此命令后，白色就变成了黑色，其他的像素点也转换为对应值。

⑥调整图像曝光。不同的图像获取方式会产生不同的曝光问题，可以使用相应的命令加以解决，常用的命令有"亮度/对比度""色阶""曲线""曝光度"和"阴影/高光"等。

- 亮度/对比度：亮度就是图像的明暗，对比度是图像中明暗区域最亮的白色和最暗的黑色之间不同亮度层级的范围，范围越大对比越大。使用"亮度/对比度"命令可以增亮或变暗图像中的色调。
- 色阶：可以通过调整图像的阴影、中间调和高光的强度级别，从而校正图像的色调范围和色彩平衡。
- 曲线："曲线"命令与"色阶"命令相似，都是用来调整图像的色彩范围。不同的是，"色阶"命令只能调整图像的亮部、暗部和中间灰度，而"曲线"命令可以对图像颜色通道中 0～255 范围内的任意点进行调节，从而创造出更多种色调和色彩效果。

下面举例说明调整的方法。

1）打开图像文件"风景.jpg"，并按 Ctrl+J 组合键复制背景图层，如图 3-1-21 所示。

图 3-1-21　导入图片

2）选择菜单命令"图像→调整→曲线"，打开"曲线"对话框，调整 RGB 通道曲线的形状，如图 3-1-22 所示。

3）在"通道"下拉列表框中选择"红"，并调整曲线的形状，如图 3-1-23 所示。

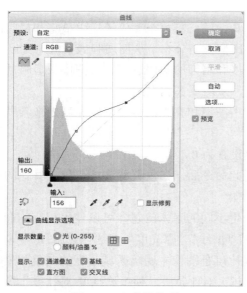

图 3-1-22　曲线选项

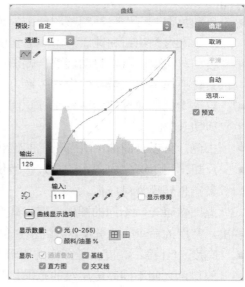

图 3-1-23　调整红通道曲线

4）在"通道"下拉列表框中选择"蓝"，并调整曲线的形状，如图 3-1-24 所示。

5）单击"确定"按钮关闭对话框并将图像保存为"风景.psd"，效果如图 3-1-25 所示。

● 曝光度：可以调整 HDR（32 位）图像色调，也可用于 8 位和 16 位图像。曝光度是通过在线性颜色空间（灰度系数 1.0）执行计算而得出的。

● 阴影/高光：可以对图像的阴影和高光部分进行调整。"阴影/高光"命令不是简单地使图像变亮或变暗，它基于阴影或高光中的周围像素增亮或变暗。

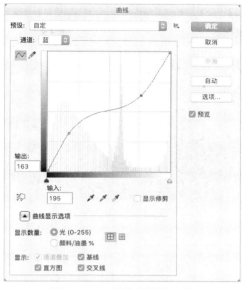

图 3-1-24　调整蓝通道曲线

图 3-1-25　最终效果

⑦调整图像色彩。对于图像的颜色，也可以进行调整修饰，常用的命令有"色相/饱和度""色彩平衡""匹配颜色""替换颜色"和"黑白"等。

- 色相/饱和度：可以改变图像像素的色相、饱和度和明度，还可以通过给像素定义新的色相和饱和度，实现给灰度图像上色的功能，也可创作单色调效果。由于位图和灰度模式的图像不能使用该命令，所以使用前必须将图像转化为 RGB 模式或其他的颜色模式。

下面举例进行说明。

1）打开图像文件"树林.jpg"，并按 Ctrl+J 组合键复制背景图层，如图 3-1-26 所示。

2）选择菜单命令"图像→调整→色相→饱和度"，打开"色相/饱和度"对话框，将色相调整为 25，饱和度调整为 30，如图 3-1-27 所示。

3）单击"全图"按钮，选择"绿色"，将饱和度调整为-45，如图 3-1-28 所示。

图 3-1-26　导入素材

图 3-1-27　"色相/饱和度"对话框

图 3-1-28　设置对话框

4）单击"确定"按钮关闭对话框并将图像保存为"树林.psd"，如图 3-1-29 所示。

图 3-1-29　最终效果

● 色彩平衡：可以调整彩色图像中颜色的组成，多用于调整偏色图像。在"色彩平衡"选项区中，"色阶"文本框可以调整 RGB 到 CMYK 色彩模式间对应的色彩变化，其取值范围为-100～100。用户也可以直接拖动文本框下方颜色滑块的位置来调整图像的色彩效果。

- 匹配颜色：可以将源图像的颜色与目标图像的颜色进行匹配，适合使多幅图像的颜色保持一致。使用同样一张图像匹配不同颜色后，可以产生不同的效果。该命令还可以匹配多个图层和选区之间的颜色。

下面举例进行说明。

1）打开图像文件"风景 01.jpg"和"风景 02.jpg"，选择菜单命令"窗口→排列→双联垂直"，如图 3-1-30 所示。

图 3-1-30　双联垂直窗口

2）将图像"风景 02.jpg"作为当前图像，然后选择菜单命令"图像→调整→匹配颜色"，打开"匹配颜色"对话框，在"图像统计"选项区的"源"下拉列表中选择"风景 01.jpg"，在"图像选项"中勾选"中和"复选框，设置渐隐数值为 30，颜色强度为 90，如图 3-1-31 所示。

图 3-1-31　设置图像选项

3）单击"确定"按钮关闭对话框，并将图像"风景 02.jpg"另存为"风景 02-1.jpg"。

● 替换颜色：可以创建临时性蒙版以选择图像中的特定颜色，然后替换颜色，也可以设置选定区域的色相、饱和度和亮度，或者使用拾色器来选择替换颜色。

下面举例进行说明。

1）打开图像文件"海滩.jpg"，并按 Ctrl+J 组合键复制背景图层，如图 3-1-32 所示。

图 3-1-32　原图

2）选择菜单命令"图像→调整→替换颜色"，打开"替换颜色"对话框，设置颜色容差为 150，并使用吸管工具在图像底部蓝色区域上单击，在"替换"选项区中将色相设置为 80，如图 3-1-33 所示。

3）在对话框中单击 （添加到取样）按钮，在图像底部右侧的黄色区域单击，然后单击"确定"按钮关闭对话框，并将图像保存为"海滩.psd"。

图 3-1-33　"替换颜色"对话框

● 黑白：可将彩色图像转换为灰度图像，同时保持对各颜色转换方式的完全控制。也可以为灰度图像着色，将彩色图像转换为单色图像。

5. 滤镜的使用

滤镜的使用会使图像产生各种特殊的效果，如浮雕效果、球面化效果、光照效果、模糊效果和风吹效果等。滤镜通常需要同通道、图层等联合使用，才能取得最佳艺术效果。下面介绍一下几种常用滤镜。

（1）"液化"滤镜。"液化"滤镜可以模拟出液体流动的逼真效果，利用"液化"滤镜对图像进行收缩、推拉、扭曲等变换。执行"滤镜→液化"命令，打开"液化"对话框，在该对话框的工具箱中包含了 10 种应用工具，下面分别对这些工具进行介绍。

①向前变形工具：该工具可以移动图像中的像素，得到变形的效果。

②重建工具：使用该工具在变形的区域单击或拖动涂抹，可以使变形区域的图像恢复到原始状态。

③顺时针旋转扭曲工具：使用该工具在图像中单击或拖动时，图像会被顺时针旋转扭曲；当按住 Alt 键单击时，图像则会被逆时针旋转扭曲。

④褶皱工具：使用该工具在图像中单击或拖动时，可以使像素向画笔中间区域移动，使图像产生收缩的效果。

⑤膨胀工具：使用该工具在图像中单击或拖动时，可以使像素向画笔中心区域以外的方向移动，使图像产生膨胀的效果。

⑥左推工具：该工具的使用可以使图像产生挤压变形的效果。使用该工具垂直向上拖动时，像素向左移动；向下拖动时，像素向右移动。

⑦镜像工具：用来翻转图像。

⑧湍流工具：用来平滑地混杂像素。

⑨冻结蒙版工具、解冻蒙版工具：使用冻结蒙版工具可以在预览窗口绘制出冻结区域，在调整时，冻结区域内的图像不会受到变形工具的影响。使用解冻蒙版工具涂抹冻结区域能够解除该区域的冻结。

⑩抓手工具、缩放工具：抓手工具用来放大图像的显示比例后，可使用该工具移动图像，以观察图像的不同区域。使用缩放工具在预览区域中单击可放大图像的显示比例，按下 Alt 键在该区域中单击，则可缩小图像的显示。

（2）"模糊"滤镜组。在 Photoshop 软件中执行"模糊"滤镜组中的命令，可以使图像中过于清晰或对比度太强烈的区域，产生不同的模糊效果。它通过平衡图像中已定义的线条和遮蔽区域的清晰边缘旁边的像素，使变化显得柔和。在打开"滤镜→模糊"菜单时，将显示出 14 种模糊滤镜效果，如图 3-1-34 所示。不同模糊滤镜会产生不同的图像效果，接下来介绍一些常用的模糊滤镜的使用方法。

①"表面模糊"滤镜在保留边缘的同时模糊图像。该滤镜用于创建特殊效果并消除杂色或粒度。

②"动感模糊"滤镜可以产生动态模糊的效果，此滤镜的效果类似于以固定的曝光时间给一个移动的对象拍照。"角度"参数可调整模糊方向。

图 3-1-34　模糊滤镜组

③ "方框模糊" 滤镜根据相邻像素的平均颜色值来模糊图像；半径越大，产生的模糊效果越好。

④ "高斯模糊" 滤镜利用高斯曲线的分布模式快速模糊选区，其中 "半径" 属性用于设置模糊度，范围为 0.1～250 像素，值越大越模糊。

⑤ "径向模糊" 滤镜可模拟出前后移动相机或者是旋转相机拍摄物体产生的效果，得到旋转状的模糊或放射状的模糊效果。单击 "旋转" 单选按钮，沿同心圆环线模糊；单击 "缩放" 单选按钮，沿径向线模糊。然后可以在 "数量" 参数栏中指定 1～100 之间的模糊值。

⑥ "镜头模糊" 滤镜命令可以向图像中添加模糊以产生更浅的景深效果，以便使图像中的一些对象在焦点内，而使另一些区域变模糊。

⑦ "特殊模糊" 滤镜用于精确地模糊图像，可指定半径、模糊透明区域阈值和模糊品质。

⑧ "形状模糊" 使用指定的内核来创建模糊，从自定义形状列表中选取一种内核，并使用 "半径" 滑块来调整其大小。通过单击形状框右侧的下三角按钮并从菜单中进行选取，可以载入不同的形状库。

（3）"艺术效果" 滤镜组。"艺术效果" 滤镜组主要为用户提供模仿传统绘画手法的途径，可以为图像添加天然或传统的艺术图像效果。该组提供了 15 种滤镜，全部存储在该滤镜库中，如图 3-1-35 所示。

- "壁画" 滤镜：该滤镜可以产生出古壁画的效果，在对话框中设置 "画笔大小" "画笔细节" "纹理" 等参数可以调出自己想要的效果。

- "彩色铅笔" 滤镜：应用该滤镜使图像看上去类似于彩色铅笔绘制的效果，模糊图像，使图像中的背景产生十字斜线。

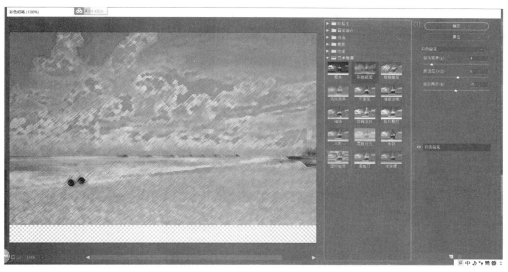

图 3-1-35　艺术效果滤镜

- "粗糙蜡笔"滤镜：该滤镜产生一种覆盖纹理，处理后的图像看上去像是用彩色蜡笔在材质背景上作画一样。该滤镜的对话框中，"描边长度"控制着投影的远近，"描边细节"控制描边的粗细，通过缩放和凸现可控制纹理的大小。

- "底纹效果"滤镜：该滤镜模拟传统的用纸背面作画的技巧，产生一种纹理喷绘效果。

- "干画笔"滤镜：使用该滤镜，使图像呈现出不饱和也不湿润的干燥油画效果。

- "海报边缘"滤镜：该滤镜可以使图像转化为漂亮的剪贴画效果，捕捉图像的边缘并用黑线勾边，提高图像对比度。

- "海绵"滤镜：该滤镜产生画面浸湿的效果，就好像使用海绵蘸上颜料在纸上涂抹一样。

- "绘画涂抹"滤镜：可以产生不同画笔涂抹过的效果。

- "胶片颗粒"滤镜：产生一种软片颗粒纹理效果，给原图添加一些颗粒的同时调亮图像局部，调整"颗粒"值越大，颗粒数量就越多。

- "木刻"滤镜：该滤镜将图像描绘成如同彩色纸片拼贴的一样。

- "霓虹灯光"滤镜：该滤镜模拟霓虹灯光，照射图像，图像背景将用前景色填充。

- "塑料包装"滤镜：该滤镜使图像表面产生一种质感很强的塑料包装效果。经过处理后的图像会像被一层塑料薄膜包裹着，使图像很有主体感。

- "调色刀"滤镜：该滤镜降低图像的细节并且淡化图像，使图像看起来像是画在湿布上。

- "涂抹棒"滤镜：该滤镜使用对角线描边涂抹图像的暗区以柔化图像。

（4）"像素化"滤镜组。"像素化"滤镜组主要通过将相似颜色值的像素转换成单元格的方法，使图像分块或平面化。在"像素化"滤镜组中一共提供了 7 种滤镜，如图 3-1-36 所示。

图 3-1-36　像素化滤镜组

- "彩块化"滤镜：该滤镜可以使纯色或相近的像素结成像素块。
- "彩色半调"滤镜：该滤镜将使图像变成网点状效果，它先将图像的每个通道划分出矩形区域，再以和矩形区域亮度成比例的圆形替代这些矩形，圆形的大小和矩形的亮度成比例，高光部分生成的网点较小，阴影部分生成的网点较大。
- "点状化"滤镜：该滤镜可以将图像中的颜色分散为随机分布的网点。如同点状绘画效果，背景色将作为网点之间的画布区域。
- "晶格化"滤镜：该滤镜将图像中相近的像素堆积到多边形色块中，产生类似结晶的颗粒效果。
- "马赛克"滤镜：该滤镜使像素结成方形色块，再对色块中的像素应用平均的颜色，创建出马赛克效果。
- "碎片"滤镜：该滤镜可以把图像中的像素进行 4 次复制，再将它们平均并使其互相偏移，使图像产生一种类似于相机没有对准焦距所拍摄出的模糊效果。
- "铜版雕刻"滤镜：该滤镜可以在图像中随机产生各种不规则的直线、曲线和斑点，使图像产生年代久远的金属板效果。

（5）"扭曲"滤镜组。"扭曲"滤镜组中的滤镜主要将当前图层或选区内的图像进行各种各样的扭曲变形，从而使图像产生不同的艺术效果。执行"滤镜→扭曲"命令，在菜单中包含着 9 种扭曲效果，如图 3-1-37 所示。在"滤镜库"对话框中还包括 3 种扭曲效果。

- "波浪"滤镜：该滤镜使图像产生波浪扭曲效果。
- "波纹"滤镜：该滤镜使图像产生类似水中波纹的效果。
- "极坐标"滤镜：该滤镜可将图像的坐标从平面坐标转换为极坐标，也可以从极坐标转换为平面坐标。
- "挤压"滤镜：该滤镜使图像的中心产生凸起或凹陷的图像效果。
- "切变"滤镜：该滤镜可以控制指定的点来弯曲图像。

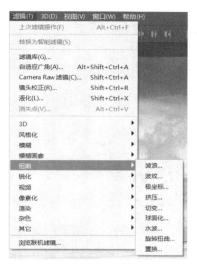

图 3-1-37　"扭曲"滤镜组

- "球面化"滤镜：该滤镜和"挤压"滤镜的效果很相似，将选区中心的图像产生凸起或凹陷的球体效果。
- "水波"滤镜：该滤镜可以使图像产生同心圆状的水波效果。
- "旋转扭曲"滤镜：该滤镜使图像产生旋转扭曲的效果。
- "置换"滤镜：该滤镜允许选择一幅 PSD 格式的图像，通过该图像中的内容对当前图像文档进行变形。
- "玻璃"滤镜：该滤镜可以使图像看上去像是隔着一层玻璃的效果。
- "扩散亮光"滤镜：该滤镜向图像中添加透明的背景色颗粒，在图像的光亮区向外进行扩散添加，产生一种类似发光的效果。
- "海洋波纹"滤镜：该滤镜主要模拟海面波纹效果，纹路细小且边缘有许多抖动，在其对话框中可以设定波纹大小和数量。

任务实现

实训：制作网页展示图片素材

1. 成果预期

使用 Photoshop 完成网页图片素材处理是网页制作的关键步骤。本实训在初步掌握 Photoshop 制作技术的基础上，重点是使学习者掌握修复、着色、调整、复制等技术完成图片素材制作。

2. 过程实施

（1）修复素材图片。

修复素材图片

- 复制图层。打开素材文件"任务 1.jpg"，按 Ctrl+J 组合键复制图层，如图 3-1-38 所示。

图 3-1-38　复制图层

● 祛除毛皮上的斑点。选择复制的图层，按住 Alt 键向上滚动鼠标，放大猫咪的脸部，眼部有斑点。选择"污点修复画笔工具"，设置画笔大小为 100，将光标移动到眼部，如图 3-1-39 所示。选择一个斑点单击并向下拖拽，即可将斑点进行处理。使用相同的方法，处理脸部的其他斑点。

图 3-1-39　设置污点修复画笔属性

● 祛除背景斑点。将图像调整到图片背景处，选择"仿制图章工具"，设置画笔大小为 50，按住 Alt 键在背景上确定一点并单击，获取取样点，如图 3-1-40 所示。拖拽鼠标对白色区域进行涂抹，即可去除白色的部分。使用相同的方法对背景上的其他白色部分进行涂抹，去除背景上的灰色污点。

图 3-1-40　设置图章工具

- 锐化皮毛。在工具箱中选择"锐化工具"，设置画笔大小为 100，强度为 50%，对猫咪的皮毛进行涂抹，加深轮廓，从而体现其质感，如图 3-1-41 所示。按 Ctrl+M 组合键，打开"曲线"对话框，设置输出和输入分别为 212 和 177，如图 3-1-42 所示。

图 3-1-41　锐化皮毛

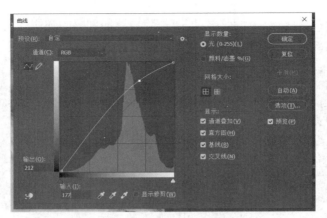

图 3-1-42　调整曲线

● 效果预览。返回图像编辑区，按 Ctrl+S 组合键保存图像，查看效果，如图 3-1-43 所示。

图 3-1-43　显示效果

（2）使用修补工具处理产品背景。

使用修补工具
处理产品背景

● 建立选区。打开素材文件"背景.jpg"，选择"修补工具"，设置修补为"内容识别"，在图像编辑区中选择一处树叶，按住鼠标左键不放，使用修补工具拖拽鼠标框选树叶区域，此时框选处变为选区，如图 3-1-44 所示。

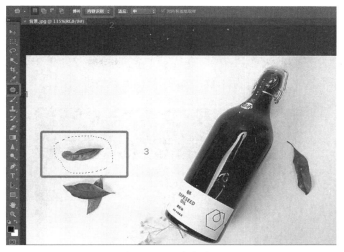

图 3-1-44　建立选区

- 擦除树叶。将光标移至选区内，当光标变为 0 时单击向上进行拖拽，释放鼠标即可看见瑕疵已修复，如图 3-1-45 所示。使用相同的方法，修复其他区域的树叶，如图 3-1-46 所示。

图 3-1-45　擦除树叶

图 3-1-46　修复瑕疵

（3）使用内容感知工具复制图像。

● 建立选区。打开素材文件"马卡龙.jpg"，选择"内容感知移动工具"，设置模式和适应分别为"扩展"和"中"，在需要复制的马卡龙处单击，按住鼠标左键不放，拖拽鼠标框选需要复制的区域，如图 3-1-47 所示。

使用内容感知
工具复制图像

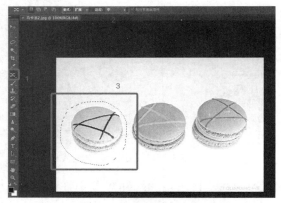

图 3-1-47 建立选区

● 移动并复制。将光标移至选区内，单击并拖拽图像至合适位置，释放鼠标即可看见框选的区域已经移动并复制到对应的位置，按 Ctrl+D 组合键取消框选，保存图像查看效果，如图 3-1-48 所示。

图 3-1-48 移动并复制

（4）调整图片颜色。

● 打开素材。打开素材文件"时尚背包.jpg"，如图 3-1-49 所示。

调整图片颜色

图 3-1-49 打开素材

- 设置亮度/对比度。选择"图像→调整→亮度/对比度"命令，打开"亮度/对比度"对话框，设置"亮度"和"对比度"分别为-67和43，如图3-1-50所示。

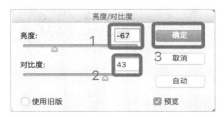

图 3-1-50　设置参数

- 设置色阶。选择"图像→调整→色阶"菜单命令，打开"色阶"对话框，设置色阶值分别为0、1、190，如图3-1-51所示。

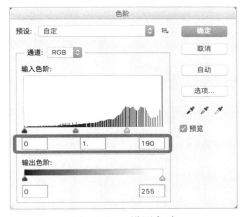

图 3-1-51　设置色阶

- 设置曲线。选择"图像→调整→曲线"菜单命令，打开"曲线"对话框，创建两个不同的点，分别拖拽点对图像进行调整，如图3-1-52所示。

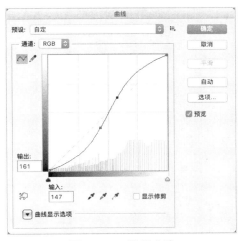

图 3-1-52　设置曲线

● 设置曝光度。选择"图像→调整→曝光度"菜单命令，打开"曝光度"对话框，设置"曝光度""位移"和"灰度系数校正"为+0.21、0.0040、0.72，如图 3-1-53 所示。

● 设置色相饱和度。选择"图像→调整→色相/饱和度"菜单命令，打开"色相/饱和度"对话框，设置"色相""饱和度"分别为+20、-10，如图 3-1-54 所示。

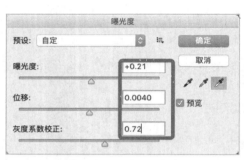

图 3-1-53　设置曝光度

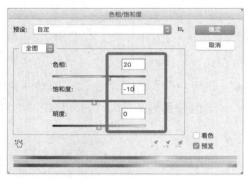

图 3-1-54　设置色相饱和度

● 预览效果。保存图像并查看效果，如图 3-1-55 所示。

图 3-1-55　预览效果

学习小测

1．知识测试

请完成以下单项选择题

（1）旋转一个层或选区可以采用（　　　）方式。

　　A．"选择→旋转"

　　B．单击并拖拉旋转工具

　　C．"编辑→变换→旋转"

　　D．按住 Ctrl 键的同时拖拉移动工具

（2）编辑图像时使用减淡工具是为了达到（　　）目的。

    A．使图像中某些区域变暗　　　　　　B．删除图像中的某些像素

    C．使图像中某些区域变亮　　　　　　D．使图像中某些区域的饱和度增加

（3）确认裁切范围时，需要在裁切框中双击鼠标或按键盘上的（　　）键。

    A．Enter　　　　　B．Esc　　　　　C．Tab　　　　　D．Shift

（4）下列（　　）工具的选项调板中有"湿边"选项。

    A．喷枪工具　　　B．铅笔工具　　　C．橡皮图章工具　　D．橡皮工具

（5）下列（　　）工具的选项调板中有"容差"的设定。

    A．画笔工具　　　B．魔术橡皮擦工具　C．图章工具　　　D．油漆桶工具

请完成以下判断题

（1）在灰度图像中，执行"色调分离"命令可产生较显著的艺术效果。　　（　　）

（2）执行"图像→调整→自动对比度"命令，可自动调整图像的亮度。　　（　　）

（3）对一个图层只能使用一种风格的效果。　　　　　　　　　　　　　（　　）

（4）"光照效果滤镜"可加载一个通道以作为纹理图案。　　　　　　　　（　　）

（5）按 Ctrl+N 组合键可以新建一个图像文档。　　　　　　　　　　　（　　）

2．技术实战

主题：制作网页广告

要求：使用 Photoshop 进行图片编辑，完成个人网页界面效果图的设计制作。预览效果如图 3-1-56 所示。

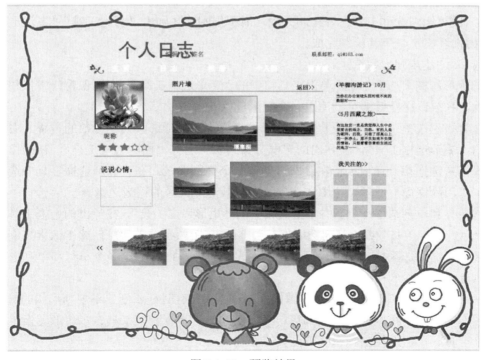

图 3-1-56　预览效果

任务 2　图像的抠取调整

任务描述

本任务主要讲解使用 Photoshop 制作网页的过程中如何从素材中抠取所需图像，涉及选区、抠图及坐标变化操作等技术。在此基础上通过"网站 banner 素材制作"实训，使读者全面掌握图像素材处理技术。本任务通过认识选区的知识引入，要求读者重点掌握抠取工具使用的方法和技巧。

知识解析

1. 认识选区

设置选区是为了将图像分成一个或多个部分，通过选择特定区域，可以编辑图像并将效果和滤镜应用于局部图像，同时还可保持未选定区域不会被改动。所有的操作只能对选区内的图像起作用，选区外的图像不受任何影响。选区的形态是一些封闭的具有动感的虚线，使用不同的选区工具可以创建出不同形态的选区。设置选区是图像编辑软件操作的基础，无论是绘图创作还是图像合成，都与选区操作息息相关。

选区可以分为规则选区（如矩形、椭圆等）和不规则选区。通常，规则选区由"矩形选框工具""椭圆选框工具"等绘制完成，而不规则选区则由"套索工具""多边形套索工具""磁性套索工具"等绘制完成。

（1）创建规则形状选区。

①矩形和椭圆选框工具。单击工具箱中的"矩形选框工具"，在图像窗口中按住鼠标左键拖动，释放鼠标左键即可创建出一个矩形选区。

在"矩形选框工具"选项栏中，可以进行羽化和矩形选区大小参数的设置。右击工具箱中的"矩形选框工具"，在弹出的选框工具列表中选择"椭圆选框工具"，在图像窗口中按住鼠标左键拖动，释放鼠标左键即可创建一个椭圆选区。在"椭圆选框工具"选项栏多了一个"消除锯齿"选项，选中该选项可以有效消除选区的锯齿边缘。

②单行和单列选框工具。右击工具箱中的"矩形选框工具"，在弹出的选框工具列表中选择"单行选框工具"或"单列选框工具"，直接在图像中单击即可创建 1 像素高度或宽度的选区，将这些选区填充颜色，可以得到水平或垂直直线。创建多个单行和单列选区后再填充颜色，可以得到栅格效果。

（2）创建不规则形状选区。在图像处理过程中，有时需要创建不规则形状的选区，如选中图像中具有不规则形状的局部等。经常用到的工具有套索工具、多边形套索工具、磁性套索工具、快速选择工具和魔棒工具等。

①套索工具。"套索工具"可以比较随意地创建不规则形状的选区。选择该工具后，在

图像窗口中按住鼠标左键不放，沿着要选择的区域进行拖动，当绘制的线条完全包含选择范围后释放鼠标左键，即可得到所需选区。

②多边形套索工具。"多边形套索工具"通过单击指定顶点的方式创建不规则形状的多边形选区，如三角形、梯形等。

在使用"多边形套索工具"时，在图像中单击设置起点，如果要绘制直线段，可将鼠标指针置于直线段结束的位置单击即可，如果继续单击可以设置后续线段的端点。如果要绘制一条角度为 45 度倍数的直线，可在移动鼠标时按住 Shift 键单击即可。在绘制线段时，将多边形套索工具的指针放在起点上单击可形成闭合的选区，如果指针不在起点上可双击鼠标或者按住 Ctrl 键（Windows 系统）并单击鼠标形成闭合的选区。

③磁性套索工具。"磁套索工具"特别适用于快速选择与背景对比强烈且边缘复杂的对象。在该工具的选项栏中合理设置羽化、对比度、频率等参数，可以更加精确地确定选区。

④魔棒工具。在"魔棒工具"选项栏中，"容差"选项用于确定所选像素的色彩范围，以像素为单位输入一个范围 0~255 的值，如果值较低则会选择与所单击像素非常相似的少数几种颜色，如果值较高则会选择范围更广的颜色；勾选"消除锯齿"选项表示创建较平滑边缘选区；勾选"连续"选项表示只选择使用相同颜色的相邻区域，否则将会选择整个图像中使用相同颜色的所有像素；勾选"对所有图层取样"选项表示使用所有可见图层中的数据选择颜色，否则魔棒工具将只从现用图层中选择颜色。

2. 抠图工具的使用

（1）使用工具抠取简单规则的图片。在处理网页中的图片时，可能需要将某一元素从素材中抠取出来进行处理，当页面颜色较为单一或所需部分较为规则时，可使用工具箱中的抠图工具，如快速选择工具组、矩形选框工具组、套索工具组等。

小贴士　　　矩形选框工具适用于规则边缘的图像，选择选框工具后，在图像中拖拽绘制选框即可；快速选择工具组适用于图像边缘色彩明显的图像，选择工具后，在需要选择的图像上单击即可选中图像中所有该色块的图像区域。

（2）使用钢笔工具抠图。当遇到物品的轮廓比较复杂，背景也比较复杂，或背景与物品的分界不明显时，可使用路径来进行抠图。

（3）使用通道抠图。一些特殊的物品，如水杯、酒杯、婚纱、冰块、矿泉水等，使用一般的抠图工具得不到想要的透明效果，此时需结合钢笔工具、图层蒙版和通道等进行抠图。

下面以抠取婚纱为例讲解半透明图片的抠图方法，具体操作如下。

1）打开素材文件"新娘.jpg"，按 Ctrl+J 组合键复制背景图层，得到"图层 1"。

2）在工具箱中选择"钢笔工具"，沿着人物轮廓绘制路径，注意半透明的婚纱部分。打开"路径"面板，将路径保存为"路径 1"，如图 3-2-1 所示。

3）按 Ctrl+Enter 组合键将绘制的路径转换为选区。切换到"通道"创建出 Alpha1 通道，如图 3-2-2 所示。

图 3-2-1　创建"路径 1"

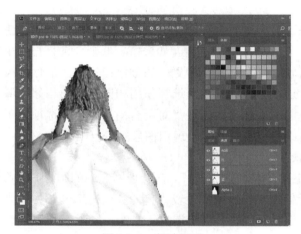

图 3-2-2　新建通道

4）复制"蓝"通道，得到"蓝副本"通道，为背景创建选区，填充为黑色，取消选区，如图 3-2-3 所示。

图 3-2-3　复制编辑通道

5）选择"图像→计算"命令，打开"计算"对话框，设置源 2 通道为 Alpha 1，设置混合模式为相加，如图 3-2-4 所示。

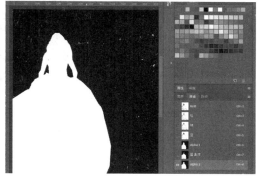

图 3-2-4　计算通道

6）查看计算通道的效果，在"通道"面板底部单击按钮，载入通道的人物选区。

7）切换到"图层"面板中，选择图层 1，按 Ctrl+J 组合键复制选区到图层 2 上。隐藏其他图层，查看抠取的婚纱效果，如图 3-2-5 所示。

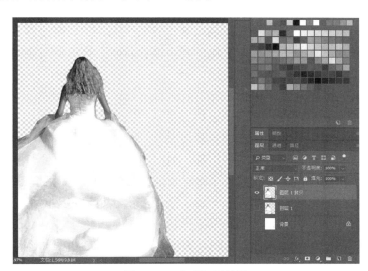

图 3-2-5　查看抠图效果

8）打开素材文件"新娘背景.psd"，将人物拖放到"新娘背景.psd"图像中，调整大小与位置，如图 3-2-6 所示。

3．图像中的形状及文本的添加及修改

（1）形状的添加及修改。在 Photoshop 中，形状与路径都用于辅助绘画。其共同点是它们都使用相同的绘制工具（如钢笔、直线、矩形等工具），其编辑方法也完全一样。不同点是绘制形状时，系统将自动创建以前景色为填充内容的形状图层，此时形状被保存在图层的矢量蒙版中，路径并不是真实的图形，无法用于打印输出，需要用户对其进行描边、填充才成为图形。此外，可以将路径转换为选区。

图 3-2-6　最终效果

①绘制形状。利用 Photoshop 提供的形状工具组中的各工具可绘制系统内置的形状。绘制时只需选择相应的工具，并在工具属性栏中设置属性，然后在图像窗口中拖动鼠标即可绘制出相应的形状。各工具的作用如下。

- 矩形工具：可以绘制矩形或正方形。
- 圆角矩形工具：可以绘制圆角矩形。
- 椭圆工具：可以绘制圆形和椭圆形。
- 多边形工具：可以绘制等边多边形，如等边三角形、五角星和星形等。
- 直线工具：可以绘制直线，还可通过设置工具属性来绘制带箭头的直线。
- 自定形状工具：可以绘制 Photoshop 预设的形状、自定义的形状或者是外部提供的形状，如箭头、月牙形和心形等形状。

②自定形状工具使用技巧。可以绘制系统预设或用户自定的各种形状。选择该工具后，单击利用"自定形状"右侧的下拉三角按钮，在弹出的下拉面板中选择需要绘制的形状，然后在图像窗口中拖动鼠标即可绘制该形状。

若在"自定形状"下拉面板中没有所需形状，可单击面板右上角的按钮，从弹出的面板控制菜单中选择需要添加的形状类型，在弹出的提示对话框中单击"追加"按钮，将所选形状类型添加到"自定形状"下拉面板中。

③调整形状外观。要调整形状外观，可使用如下工具。

- 直接选择工具：可移动锚点的位置，单击锚点并拖动，可调整曲线形状的弧度。

　　　用"钢笔工具"绘制图形时，按住 Ctrl 键不放，可将当前工具快速切换为"直接选择工具"。

- 添加锚点工具：选中该工具后，在形状边线上单击可为形状添加锚点。
- 删除锚点工具：选中该工具后，单击形状边线上的锚点可将其删除。
- 转换点工具：在 Photoshop 中锚点有 3 类，分别是直线锚点、曲线锚点与贝叶斯锚点，利用"转换点工具"可改变锚点类型。

④选择、移动、复制、删除形状。

- 选择形状：选择"路径选择工具"，在要选择的形状上单击可选中该形状。要同时选中多个形状，可按住 Shift 键依次单击，或框选要选择的图形。

> 使用"路径选择工具"选择图形时，实质是选中了图形上的所有锚点，因此可以对图形进行整体移动或变形。而使用"直接选择工具"可以选中图形上的单个或多个锚点（被选中的锚点为实心，未被选中的为空心），并可对所选锚点或锚点的方向控制杆进行拖动操作，从而自由调整图形。

- 移动形状：要移动形状的位置，可首先选中"路径选择工具"，然后在形状上按住鼠标左键不放并拖动。
- 复制形状：要复制形状，只需在移动形状的同时按住 Alt 键。
- 删除形状：要删除形状，需先选中形状，然后按 Delete 键。

（2）文本的添加和修改。文字在图像作品中起着解释说明的作用，Photoshop 提供了图像文字处理的基本功能。下面介绍使用 Photoshop 创建文字和转换文字图层的基本方法。

①创建点文字。可以使用工具栏中的"创建横排文字""创建直排文字""创建直排文字蒙版"和"创建横排文字蒙版"。

横排文字工具和直排文字工具主要用来创建点文字、段落文字和路径文字。横排文字蒙版工具和直排文字蒙版工具主要用来创建文字选区。在使用文字工具时，需要在工具选项栏或"字符"面板中设置文字的属性，包括字体、大小和文字颜色等。

点文字是一个水平或垂直文本行，它从在图像中单击的位置开始。要向图像中添加少量文字时，在某个点输入文本是一种适当的方式。当输入点文字时，每行文字都是独立的，其长度随着文本的输入而不断增加，但不会换行。字数较少的标题等可以使用点文字来完成。

②创建段落文字。段落文字以水平或垂直方式控制字符流的边界。当想要创建一个或多个段落时，采用这种方式输入文本十分有效。输入段落文字时，文字基于外框的尺寸换行，可以输入多个段落并选择段落调整选项。如果输入的文字超出外框所能容纳的大小，外框上将出现溢出图标，可以根据需要调整文字外框的大小，使文字在调整后的矩形内重新排列。既可以在输入文字时调整外框，也可以在创建文字图层后调整外框，还可以使用外框来旋转、缩放和斜切文字。

可以将点文字转换为段落文字，以便在外框内调整字符排列。也可以将段落文字转换为点文字，以便使各文本行彼此独立地排列。

将段落文字转换为点文字时，每个文字行的末尾（最后一行除外）都会添加一个回车符。转换方法是，在"图层"面板中选择文字所在图层，然后选择菜单命令"文字→转换为点文本"或"文字→转换为段落文本"。

③创建路径文字。路径文字是指沿着开放或封闭的路径的边缘流动的文字。可以输入沿着用钢笔或形状工具创建的工作路径的边缘排列的文字。当沿水平方向输入文本时，字符将沿着与基线垂直的路径出现。当沿垂直方向输入文本时，字符将沿着与基线平行的路径出现。在任何一种情况下，文本都会按路径的方向流动。

可以在闭合路径内输入文字，在这种情况下，文字始终横向排列，每当文字到达闭合路径的边界时就会发生换行。如果输入的文字超出段落边界或沿路径范围所能容纳的大小，则边界的角上或路径端点处的锚点上将不会出现手柄，取而代之的是一个内含加号（＋）的小框或圆。当移动路径或更改其形状时，相关的文字将会适应新的路径位置或形状。

④转换文字图层。文字作为特殊的矢量对象，不能像普通对象一样进行编辑操作。在处理文字时要先将文字图层进行转换。转换后的文字对象无法再像之前一样能够编辑和设置属性。

- 将文字转换为形状。在将文字转换为形状时，文字图层被替换为具有矢量蒙版的图层。可以编辑矢量蒙版并对图层应用样式，可以使用路径选择工具对文字效果进行调节，但无法在图层中将字符作为普通文本进行编辑。转换方法是选择文字图层，然后选择菜单命令"文字→转换为形状"即可。

- 将文字转换为工作路径。通过将文字字符转换为工作路径，可以将这些文字字符用作矢量形状。工作路径是出现在"路径"面板中的临时路径，用于定义形状的轮廓。从文字图层创建工作路径之后，可以像处理其他路径一样对该路径进行存储和操作。虽然无法以文本形式编辑路径中的字符，但原始文字图层将保持不变并可编辑。转换方法是选择文字图层，然后选择菜单命令"文字→创建工作路径"即可。

- 栅格化文字图层。要对文本图层中创建的文字使用描绘工具或滤镜命令等工具，必须提前栅格化文字。栅格化表示将文字图层转换为普通图层，并使其内容成为不可编辑的文本图像图层。栅格化文字的方法是选择文字图层，然后选择菜单命令"图层→栅格化→文字"。

任务实现

实训：网站 banner 素材制作

网站 banner 素材制作

1. 成果预期

网页的 banner 部分是整个网页的设计重点，是向浏览者传递某种信息，或展示产品、服务、理念、文化的重要区域。本任务是设计以灯具促销为主题的网页 banner，涉及的知识点主要包括抠图、图片修复调整、文本的添加以及形状的绘制，通过这个任务强化综合运用 Photoshop 相关技术处理图像素材的能力。

2. 过程实施

（1）绘制矩形。新建大小为 1920×750 像素，分辨率为 72 像素，名为"banner 海报"

的文件，选择"矩形工具"，设置填充颜色为#ECEAEA，在图像编辑区中绘制 1920×650 像素的矩形，如图 3-2-7 所示。

图 3-2-7　绘制矩形

（2）添加地板素材。打开素材文件"地板底纹.psd"，将底纹所在图层复制到图像中，按 Ctrl+T 组合键变换大小，并调整到合适位置，如图 3-2-8 所示。

图 3-2-8　添加地板素材

（3）添加图像素材。打开素材文件"家居素材.psd""灯具.psd"，将其中的家具和灯具分别拖拽到图像编辑区的左侧，并调整大小和位置，如图 3-2-9 所示。

图 3-2-9　添加图像素材

（4）调整图层顺序。新建图层，选择"画笔工具"，设置画笔大小为 50，在灯具的顶部绘制阴影，并在"图层"面板中设置不透明度为 50%，再将其移动到灯具图层的下方。

（5）添加文字。选择"横排文字工具"，设置字体为方正韵动粗黑简体，字号为 70 点，颜色为#787671，在灯具的右侧输入文本，如图 3-2-10 所示。

图 3-2-10 添加文字

（6）设置投影图层样式。双击文本图层，打开"图层样式"对话框，单击选中"投影"复选框，设置投影颜色、不透明度、距离、大小分别为#666564、30、9、6，如图 3-2-11 所示。

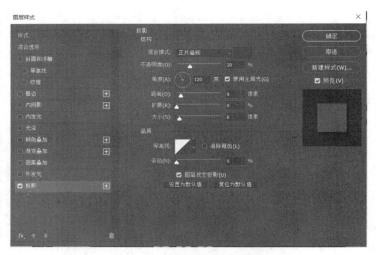

图 3-2-11 设置投影图层样式

（7）绘制选区并填充颜色。栅格化文字图层。按住 Ctrl 键不放，单击栅格化后的文字图层，获取文字选区，选择"多边形套索工具"，并在工具属性栏中单击■按钮，设置选区交叉，在文字上方绘制路径，设置前景色为#fdcd1e，按 Alt+Delete 组合键填充选区。

（8）添加文本。使用相同的方法，继续创建选区并填充颜色。再次使用"横排文字工具"输入文字，并依次设置字体为方正兰亭特黑简体、方正兰亭黑简体、PalatinoLinotype，调整文字大小和位置，效果如图 3-2-12 所示。

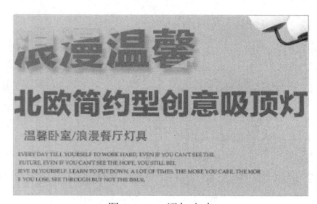

图 3-2-12 添加文本

（9）绘制矩形添加文本。选择"矩形工具"，设置前景色为#4f4d48，在文字的下方绘制 380×100 像素的矩形，并在上方输入文字，设置文字的字体为方正韵动粗黑简体，分别调整单个字体大小，如图 3-2-13 所示。

（10）绘制形状。再次选择"矩形工具"，设置前景色为#9b1e14，在矩形中绘制 91×23 像素的矩形。新建图层，选择"钢笔工具"，在矩形的右侧绘制颜色为#ffffff 的三角形，如图 3-2-14 所示。

图 3-2-13　绘制矩形添加文本　　　　　　　　图 3-2-14　绘制形状

（11）输入文字。在矩形上方输入文本"点击购买"，并设置字体为方正兰亭黑简体，字号为 16 点，如图 3-2-15 所示。

图 3-2-15　最终效果

学习小测

1. **知识测试**

请完成以下单项选择题

（1）将存储的路径转换为剪贴路径，其中"展平度"的用途是（　　　）。

  A．定义曲线路径由多少个锚点组成

  B．定义曲线路径由多少个直线片段组成

  C．定义曲线路径由多少个端点组成

  D．定义曲线边缘由多少个像素组成

（2）下列（　　　）工具形成的选区可以被用来定义画笔的形状。

  A．矩形工具　　　　　　　　　　B．椭圆工具

  C．套索工具　　　　　　　　　　D．魔棒工具

（3）下列对模糊工具功能的描述正确的是（　　）。

　　A．模糊工具只能使图像的一部分边缘模糊

　　B．模糊工具的压力是不能调整的

　　C．模糊工具可降低相邻像素的对比度

　　D．如果在有图层的图像上使用模糊工具，只有所选中的图层才会起变化

（4）下列（　　）工具可以减少图像的饱和度。

　　A．加深工具

　　B．减淡工具

　　C．海绵工具

　　D．任何一个在选项调板中有饱和度滑块的绘图工具

（5）移动图层中的图像时如果每次需要移动 10 个像素的距离，应按住（　　）的同时按键盘上的箭头键。

　　A．Alt 键　　　　　B．Tab 键　　　　　C．Ctrl 键　　　　　D．Shift 键

请完成以下判断题

（1）当需要处理的图形与背景有颜色上的明显反差时，最好用"多边形套索工具"按钮对图形进行选取。　　　　　　　　　　　　　　　　　　　　　　（　　）

（2）路径和选区可以相互转换。　　　　　　　　　　　　　　　　　　（　　）

（3）要创建路径，只能使用钢笔工具来实现。　　　　　　　　　　　　（　　）

（4）取消选取范围的快捷键方式是 Ctrl+E 组合键。　　　　　　　　　　（　　）

（5）背景图层不能被移动。　　　　　　　　　　　　　　　　　　　　（　　）

2．技术实战

主题：制作网站图片素材

要求：通过钢笔工具处理素材获得单一元素，完成商业网站首页海报的设计制作。预览效果如图 3-2-16 所示。

图 3-2-16　效果预览

任务 3　图层工具的使用

任务描述

Photoshop 强大而灵活的图像处理功能，在很大程度上都源自它的图层功能。本任务学习图层的类型及创建方法、图层的基本操作、图层样式、图层蒙版等知识以及关于图层混合模式的使用，在此基础上通过"灯具网主页头部网页海报"实训，要求读者重点掌握通过图层丰富网页界面中素材效果的方法与技巧。

知识解析

1. 图层面板介绍

（1）了解"图层"面板。在 Photoshop 中，对图层的操作和管理主要通过"图层"面板和"图层"菜单来完成。其中，利用"图层"面板可以显示和编辑当前图像窗口中的所有图层，如创建、显示、删除、重命名图层，调整图层顺序，应用图层样式，创建图层组、图层蒙版等。

（2）图层的分类。

- 普通图层：普通图层是 Photoshop 中最基本、最常用的图层。为方便编辑图像，常常需要创建普通图层，并将图像的不同部分放置在不同的图层中。
- 背景图层：新建的图像通常只有一个图层，那就是背景图层。背景图层具有永远都在最下层、无法移动其中的图像（选区内的图像除外）、不能包含透明区域（透明区域是图层中没有像素的区域，这些区域将显示该图层下方图层中的内容）、无法应用图层样式和蒙版，以及可以在其上进行填充或绘画等特点。
- 文字图层：使用文字工具创建文本时自动创建的图层，只能用来存放文本。
- 形状图层：利用形状工具绘制形状时自动创建的图层，只能用来存放形状。
- 调整图层和填充图层：用来无损调整该图层下方图层中图像的色调、色彩和填充。

2. 图层基础操作

（1）图层的创建和重命名。单击"图层"面板底部的"创建新图层"按钮，此时将在当前所选图层上方创建一个完全透明的图层。

（2）背景层和普通层之间的转换。在"图层"面板中选中要转换的普通图层，然后选择"图层→新建→图层背景"菜单项，此时该图层将被转换为背景图层。要将背景图层转换为普通图层，可双击背景图层，打开"新建图层"对话框进行操作。若按住 Alt 键双击背景图层，则可直接将其转换为普通图层。

（3）选择图层。要对某个图层中的图像进行编辑操作，首先要选中该图层，也可以同时选中多个图层，以方便对它们进行统一移动、变换、编组等操作。选择图层的方法如下。

- 在"图层"面板中单击某个图层可选中该图层，将其置为当前图层。
- 要选择多个连续的图层，可在按住 Shift 键的同时单击首尾两个图层。
- 要选择多个不连续的图层，可在按住 Ctrl 键的同时依次单击要选择的图层。注意，按住 Ctrl 键单击时不要单击图层缩览图，否则将载入该图层的选区。
- 要选择所有图层（背景图层除外），可选择"选择→所有图层"菜单命令。
- 选择所有与当前图层类似的图层。例如，要选择当前图像中的所有文字图层，可先选中一个文字图层，然后选择"选择→相似图层"菜单命令。

（4）设置图层的不透明度和混合模式。

①设置图层不透明度。通过修改图层的不透明度也可改变图像的显示效果。在 Photoshop 中，用户可改变图层的两种不透明度设置，一是图层整体的不透明度，二是图层内容的不透明度即填充不透明度（只有图层内容受影响，图层样式不受影响）。

②设置图层混合模式。图层混合模式用来设置当前图层如何与下方图层进行颜色混合，以制作出一些特殊的图像融合效果。设置图层混合模式时，若想快速在各图层混合模式间切换，可先选中要混合的图层，然后按 Shift+ 或 Shift+ 组合键。注意该方式需要在事先没选中任何混合模式的前提下才有效。

（5）删除图层。要删除不需要的图层，可在"图层"面板中将其选中，然后拖至面板下方的"删除图层"按钮上。或者选中要删除的图层，然后单击"删除图层"按钮，在弹出的对话框中单击"是"按钮。删除图层后，该图层中包含的内容也将被删除。

（6）隐藏图层。单击要隐藏的图层左边的眼睛图标可隐藏该图层，此时该图层中的内容不可见。若在按住 Alt 键的同时在"图层"面板中单击某图层名称前面的图标，可以隐藏该图层之外的所有图层。

（7）锁定与解锁图层。在编辑图像时，为避免某些图层上的图像受到影响，可选中这些图层，然后单击"图层"面板中的四种锁定方式按钮将其锁定。

（8）链接图层。在编辑图像时，可以将多个图层链接在一起，以便同时对这些图层中的图像进行移动、变形、缩放和对齐等操作。

（9）合并图层。利用图层的合并功能可以将多个图层合并为一个图层，以便对其进行统一处理。要合并图层，可首先选中要合并的多个图层，然后选择"图层"主菜单或"图层"面板菜单中的"合并图层"菜单项。也可以通过鼠标右键选择"合并图层"命令项。

（10）对齐与分布图层。利用"对齐"与"分布"功能可以将位于不同图层中（需同时选中要对齐的图层或在这些图层之间建立链接）的图像在水平或垂直方向上对齐或均匀分布。选择需要对齐的图层，然后选择"图层"菜单中"对齐"和"分布"子菜单中的命令，即可得到相应的对齐和分布效果。

任务实现

灯具促销主题商业网页
标题部分效果图制作

实训：灯具促销主题商业网页标题部分效果图制作

1. 成果预期

本案例主要通过制作网页界面效果图来学习图层的设置以及蒙版的运用制作网页海报。本次任务是设计以灯具促销为主题的商业网页效果图，所以选择了简约温馨的主色调，以文字对宣传主要信息进行说明。通过这个任务来训练读者通过图层及蒙版制作图形的能力以及创建网页标题部分效果图的方法。

2. 过程实施

（1）新建图像文件并创建参考线。创建文件名为"灯具网主页头部"的文件，设置宽度、高度为 1920×4400 像素，设置分辨率为 72 像素。创建水平参考线，设置"位置"文本框为 150 像素，如图 3-3-1 所示。按照相同方法在 120 像素处设置水平参考线，并于 900 像素、930 像素、1680 像素、1690 像素及 4200 像素处创建 5 条垂直参考线。

图 3-3-1　拖出参考线

（2）插入素材。打开素材文件"斜纹.jpg"，将其拖拽到图像中，调整大小使其铺满网页头部区域，在"图层"面板中设置不透明度为 40%，如图 3-3-2 所示。

图 3-3-2　设置斜纹图层

（3）输入文字。选择"横排文字工具"，设置字体为"Source Sans Pro"，字号为 20点，颜色为#000000，在图像编辑区中分别输入"MO""S""HANG"，如图 3-3-3 所示。

图 3-3-3　输入文字

（4）文字变形。将文字中"S"的字号调整到 35 点，并移动其他文字，使文字中间有一定的间隙。打开"图层"面板，选择"S"所在图层，在其上右击，在弹出的快捷菜单中选择"栅格化文字"命令，将文字图层转换为普通图层，如图 3-3-4 所示。按 Ctrl+T 组合键对图形进行变形操作，拖拽文字上方的控制点，向上拖拽，拉长文字，如图 3-3-5 所示。

图 3-3-4　栅格化文字

（5）添加选区。选择"多边形套索工具"，设置羽化为 0，在"S"右上角绘制带有斜角的多边形。完成绘制后，将自动创建选区，按 Delete 键删除选区中的内容，按 Ctrl+D 组合键取消选区的显示，如图 3-3-6 所示。

图 3-3-5　变形字母

图 3-3-6　添加选区

（6）绘制圆形。选择"椭圆工具"，在"S"的右上角绘制宽、高为 11×11 像素的圆。打开"图层"面板，选择"椭圆"所在图层，在其上右击，选择"栅格化图层"命令，将形状图层转换为普通图层，如图 3-3-7 所示。

（7）编辑圆形。选择"多边形套索工具"，在圆形右侧绘制一个小选区，对圆进行分割，完成后按 Delete 键删除选区中的内容。按 Ctrl+T 组合键进行变形操作，将鼠标光标移动到圆的角点上拖拽鼠标对圆进行旋转操作，使"S"的切面与圆的切面对齐，如图 3-3-8 所示。

图 3-3-7　绘制圆形

图 3-3-8　修改形状

（8）绘制灯光照射路径。选择"钢笔工具"，在圆的下方绘制灯光照射路径，如图3-3-9所示。打开"路径"面板，选择绘制的路径，在其上右击，选择"建立选区"命令，设置羽化半径为1，选中"消除锯齿"复选框，选中"新建选区"单选项，单击"确定"按钮。

图 3-3-9　添加选区

（9）设置灯光照射渐变。打开"图层"面板，新建图层，选择"渐变工具"，设置渐变颜色为"#f1fe22 到透明"的渐变，拖拽鼠标在选区中填充渐变颜色。

取消选区，在"图层"面板中选择 hang 图层，选择"图层→图层样式→渐变叠加"命令，设置不透明度为90%。打开"渐变编辑器"对话框，在渐变色条下方单击右侧色标，在"色标"栏中单击"颜色"右侧的色块，打开"拾色器（色标颜色）"对话框，设置颜色为#f5ff54。

返回图像编辑区，隐藏"背景"和底纹所在的图层，按 Ctrl+Shift+Alt+E 组合键盖印图层，如图 3-3-10 所示。

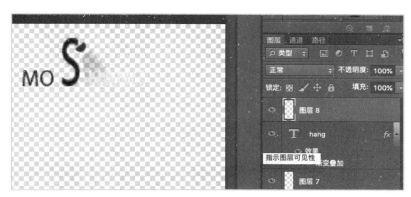

图 3-3-10　盖印图层

（10）添加文字。单击"图层"面板中的图层样式按钮，选择"投影"选项，打开"图层样式"对话框，设置不透明度、角度、距离、大小分别为10、120、10、3。显示隐藏的图层，选择"横排文字工具"，在工具属性栏中设置字体为黑体，字号为12点，在英文字体的下方输入文本"陌上灯具"，选择"直线工具"，在文字的两边绘制两条直线，如图3-3-11所示。

（11）编辑标题文字部分。创建两条垂直参考线，分别位于 380 像素、150 像素处，选中除底纹和背景外的图层，将其移动到中间。选择"直线工具"，设置填充颜色为#bfbfbf，在 Logo 的右侧绘制 1×90 像素的竖线，选择"横排文字工具"，在工具属性栏中设置字体为方正韵动粗黑简体，字号为18点，输入如图3-3-12所示的文字。

图 3-3-11　绘制标题文字

图 3-3-12　添加文字

选择"圆角矩形工具"，绘制颜色为#721033 的圆角矩形。选择"横排文字工具"，在"字符"面板中设置字体、字号、颜色分别为方正韵动粗黑简体、16 点、白色，在圆角矩形上方输入"关注收藏＞"文本，如图 3-3-13 所示。

图 3-3-13　制作按钮

（12）绘制圆形。选择"椭圆工具"，按住 Shift 键，绘制直径为 83 像素的正圆，并设置填充颜色为#66a6c1。选择圆，按住 Alt 键，向右拖拽复制 4 个相同大小的圆，并分别设置填充颜色为#ffde5b、#f7ad58、#9cc3a6、#ec7789，如图 3-3-14 所示。

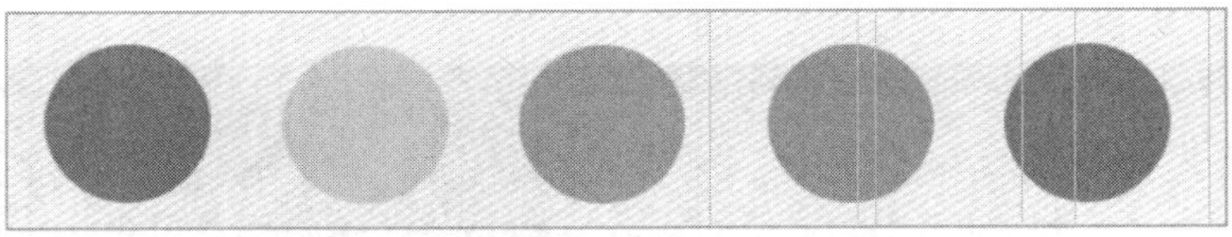

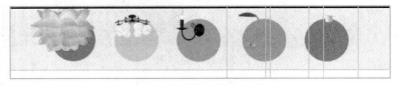
图 3-3-14　复制修改其他圆形

（13）添加素材及文本。打开"灯具素材.psd"素材文件，将其中的灯具素材分别拖拽到圆形中，调整各素材的位置和大小，如图 3-3-15 所示。

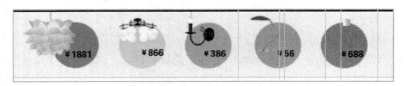
图 3-3-15　导入灯具素材

选择"横排文字工具"，设置字体为方正韵动粗黑简体，字号为 14 点，在对应的正圆中分别输入图 3-3-16 所示的文字。

图 3-3-16　输入文字

（14）绘制矩形。选择"矩形选框工具"，设置宽度、高度为 1920×30 像素，在图像下面的灰色区域单击创建选区，新建图层，填充为#000000，如图 3-3-17 所示.

图 3-3-17　绘制矩形

（15）编辑导航文字。选择"横排文字工具"，设置字体为方正韵动粗黑简体，颜色为白色，在导航条上依次输入导航文本内容，如图 3-3-18 所示。在导航文本下方新建图层，选择"矩形选框工具"在"所有商品"的上方绘制矩形选区，并填充为#f3002e，删除"所有商品"左右两侧的竖线。

图 3-3-18　最终效果

学习小测

1．知识测试

请完成以下单项选择题

（1）（　　）图层可以将图层中的对象对齐和分布。

  A．调节　　　　　　　　　　　B．链接

  C．填充　　　　　　　　　　　D．背景

（2）当你要对文字图层执行滤镜效果，那么首先应当（　　　）。

  A．将文字图层和背景层合并

  B．将文字图层栅格化

  C．确认文字层和其他图层没有链接

  D．用文字工具将文字变成选取状态，然后在滤镜菜单下选择一个滤镜命令

（3）要同时移动多个图层，则需先对它们进行（　　　）操作。

  A．图层链接　　　　　　　　　B．图层格式化

  C．图层属性设置　　　　　　　D．图层锁定

（4）下列（　　　）不属于在图层面板中可以调节的参数。

  A．透明度　　　　　　　　　　B．编辑锁定

  C．显示隐藏当前图层　　　　　D．图层的大小

（5）关于图层蒙版，以下说法正确的是（　　　）。

    A．蒙版相当于一个 8 位灰阶的 Alpha 通道

    B．在蒙版中，黑色表示全部遮住，白色表示全部显示

    C．在蒙版中，白色表示全部遮住，黑色表示全部显示

    D．蒙版中只有黑白二色来表示选区遮挡关系，没有其他灰度颜色

请完成以下判断题

（1）对一个图层只能使用一种风格的效果。   （　　　）

（2）创建图层集后可对该集中的所有图层同时进行属性设置。   （　　　）

（3）按 F6 键可打开图层控制面板。   （　　　）

2．技术实战

主题：制作卡通炸弹

要求：使用图层工具进行图片编辑，完成卡通造型的绘制。预览效果如图 3-3-19 所示。

图 3-3-19　效果预览

项目 4 页面元素的设计与制作

项目描述

Web 页面元素的制作工具有很多，目前使用最广泛的就是 Adobe Illustrator。该软件是一款矢量图形处理工具，不仅应用于印刷出版、海报书籍排版、专业插画、多媒体图像处理，还在网页制作方面表现出色。本项目将从 logo 设计制作入手，从 banner 设计制作、按钮设计制作、导航栏设计制作这几方面向读者介绍使用 Illustrator 设计与制作 Web 页面元素的必备知识，在此基础上通过专题实训，使读者全面掌握使用 Illustrator 设计制作页面元素的方法与技巧。本项目通过认识页面元素的知识引入，要求读者重点掌握 logo、banner、按钮、导航栏这几种页面元素的分类和设计要素以及用 Illustrator 实现页面元素的制作。

学习目标

- 了解 logo、banner、按钮、导航栏等页面元素的性质、作用
- 掌握 logo、banner、按钮、导航栏等页面元素的分类和设计要素
- 掌握 Illustrator 软件的基本技术
- 掌握使用 Illustrator 软件设计制作页面元素的方法与技巧

知识导图

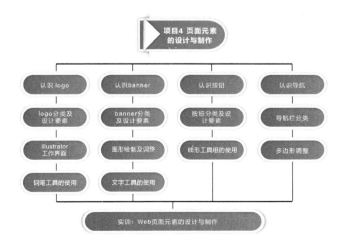

任务 1　logo 设计制作

任务描述

本任务主要讲解使用 Illustrator 设计制作 logo 的方法与技巧，涉及的知识点主要有 logo 的认识、分类、制作要点等，在此基础上通过"文字 logo 制作"实训，使读者全面掌握使用 Illustrator 设计制作 logo 的方法与技巧。本任务通过认识 logo 的知识引入，要求读者重点掌握 logo 的制作要点，学会使用 Illustrator 制作 logo。

知识解析

1. 认识 logo

logo 是希腊语 logos 的变化，是徽标或者商标的英文说法，logo 是人们在长期的生活和实践中形成的一种视觉化的信息表达方式，它是具有一定含义并能够使人理解的视觉图形。logo 设计与制作涉及心理学、美学、色彩学等领域。它需要制作者在生活实践中经过提炼、抽象与加工，集中以图形的方式表达一定的精神内涵，传递特定的信息，形成人们相互交流的视觉语言。logo 对徽标拥有者起到识别和推广的作用，通过形象的 logo 可以让人们记住公司主体和品牌文化。

网络中的 logo 主要是各个网站用来与其他网站链接的图形标志，代表一个网站或网站的一个板块，比文字形式的链接更能吸引人的注意。

（1）logo 的性质。

①识别性：要求必须容易识别，易记忆。这就要做到无论是从色彩还是构图上一定要讲究简单。

②特异性：要与其他的 logo 有区别，要有自己的特性。否则设计的 logo 都一样。

③内涵性：logo 一定要有它自身的含义，否则就算做得再漂亮再完美也只是形式上的漂亮，而没有一点意义。这就要求 logo 必须有自己的象征意义。

④法律意识：一定要注意敏感的字样、形状和语言。

⑤整体形象规划（结构性）：logo 不同的结构会给人不同的心理意识，就像水平线给人的感觉是平缓、稳重、延续和平静，竖线给人的感觉是高、直率、轻和浮躁感，点给人的感觉是扩张或收缩，容易引起人的注意等。

⑥色彩性：色彩是形态三个基本要素（形、色、质）之一。色彩为工业设计学科中必须研究的基本课题。色彩研究涉及物理学、生理学、心理学、美学与艺术理论等多门学科。

（2）logo 的作用。

①媒介宣传。随着社会经济的发展和人们审美心理的变化，logo 设计日益趋向多元化、

个性化，新材料、新工艺的应用以及数字化、网络化的实现，logo 设计在更广阔的视觉领域内起到了宣传和树立品牌的作用。

②保证信誉。品牌产品以质取信，商标是信誉的保证，给人以诚信之感，通过 logo，可以更迅速、准确地识别判断商品的质量高低。

③利于竞争。优秀的 logo 具有个性鲜明、视觉冲击力，便于识别、记忆，有引导、促进消费，产生美好联想的作用，利于在众多的商品中脱颖而出。

（3）发展趋势。随着数字时代的到来与网络文化的迅速发展，传统的信息传播方式、阅读方式受到了前所未有的挑战。效率、时间的概念标准也被重新界定，在这种情况下，logo 的风格也呈现向个性化、多元化发展。对于标志创作和设计者来说，要通过一个简洁的标志符号表达比以前多几十倍的信息量。经典型 logo 与具有前卫、探索倾向的设计并存，设计的宽容度扩大了。基于这一点，标志的独特性与可识别性、理性与感性、个性与共性等方面的综合考虑成为设计师追求成功的有效路径。logo 可大致归纳为以下几个发展趋势。

①个性化。各种 logo 都在广阔的市场空间中抢占自己的视觉市场，吸引顾客。因此，如何在众多 logo 中跳出来，易辨、易记、个性成为新的要求。个性化包括消费市场需求的个性化和来自设计者的个性化。不同的消费者审美取向不同，不同的商品感觉不同，不同的设计师创意不同、表现不同。因此，在多元的平台上，无论对消费市场，还是对设计者来讲，个性化成为不可逆转的一大趋势。

②人性化。随着社会的发展和审美的多元化以及对人的关注，人性化成为设计中的重要因素。正如美国著名的工业设计家、设计史学家、设计教育家普罗斯所言："人们总以为设计有三维：美学、技术、经济，然而，更重要的是第四维：人性！"logo 也是如此，应根据心理需求和视觉喜好在造型和色彩等方面趋向人性化，具有针对性。

③信息化。通过整合企业多方面的综合信息进行自我独特设计语言的翻译和创造，使标志不仅能够形象贴切地表达企业理念和企业精神，还能够配合市场对消费者进行视觉刺激和吸引，协助宣传和销售。标志成为信息发出者和信息接收者之间的视觉联系纽带和桥梁，因此，信息含量的分析准确与否，成为 logo 取胜的途径。

④多元化。意识形态的多元化，使 logo 的艺术表现方式日趋多元化。有二维平面形式，有半立体的浮雕凹凸形式；有立体标志，也有动态的霓虹标志；有写实标志，也有写意标志；有严谨的标志，也有概念性标志。

（4）logo 标准尺寸。为了便于互联网上信息的传播，网络广告元素已经有了一个统一的国际标准。目前国际上规定的标准的广告尺寸有以下 8 种，并且每一种广告规格的使用也都有一定的范围（单位为像素），从中可以看出对于各种 logo 的尺寸标准。

- 120×20，适用于产品或新闻照片展示。
- 120×60，主要用于做 logo 使用。
- 120×90，主要应用于产品演示或大型 logo。
- 125×25，适用于表现照片效果的图像广告。
- 234×60，适用于框架或左右形式主页的广告链接。
- 392×72，主要用于有较多图片展示的广告条，用于页眉或页脚。

- 468×60，应用最为广泛的广告条尺寸，用于页眉或页脚。
- 88×31，主要用于网页链接，或网站小型 logo。

2. logo 的分类

（1）文字 logo。文字 logo 只有单纯的汉字或者字母，文字 logo 主要关注文字排版。这种 logo 风格将品牌的视觉形象与公司名称紧密联系在一起。文字 logo 必须仔细选择或创建字体，单词的形状、风格和颜色几乎与单词本身一样具有意义，如图 4-1-1 所示。

（2）图形 logo。通过几何图案或象形图案来表示的 logo。图形 logo 又可分为三种，即具象图形 logo、抽象图形 logo、具象抽象相结合的 logo。

①具象图形 logo。它是在具体图像（多为实物图形）的基础上，经过各种修饰，如简化、概括、夸张等设计而成的，其优点在于直观地表达具象特征，使人一目了然，如图 4-1-2 所示。

图 4-1-1　文字 logo

图 4-1-2　具象图形 logo

②抽象图形 logo。它是由点、线、面、体等造型要素设计而成的标志，它突破了具象的束缚，在造型效果上有较大的发挥余地，可以产生强烈的视觉刺激，但在理解上易于产生不确定性，如图 4-1-3 所示。

③具象、抽象相结合的 logo。具象抽象结合的 logo 是最为常见的，由于它结合了具象型和抽象型两种标志设计类型的长处，从而使其表达效果尤为突出，如图 4-1-4 所示。

图 4-1-3　抽象图形 logo

图 4-1-4　具象抽象相结合的 logo

（3）图文组合的 logo。图文组合的 logo 集中了文字标志和图形标志的长处，克服了两者的不足，如图 4-1-5 所示。

图 4-1-5　图文组合 logo

3. logo 设计要素

（1）字体。在设计 logo 时，字体是非常关键的因素，甚至是不可或缺的因素之一。因为在设计 logo 的时候需要在有限的画面中输入重要的文字信息。这样能够直截了当地告诉人们这是一款什么东西，以及它的功能功效。

（2）图案。logo 上面的图案会给人留下深刻的印象，可以选择一个吉祥物或者是与产品相关的一个图案，试着做一些与 logo 和文字相互映衬的图案来代表公司的形象。

（3）颜色。在设计 logo 时，颜色也是非常吸引人注意力的一个因素。如果一个 logo 没有颜色，那么它的设计也让人感觉呆板，而且没有灵魂。

（4）创意。一个好的 logo 设计当中的创意是非常关键的，如果没有好的灵感，那么就不会做出好的 logo。好的创意更突出的是它能建立与受众之间对于品牌信息最有效的沟通。

任务实现

实训：文字 logo 制作

文字 logo 制作

1. 成果预期

通过对设计制作 logo 基础知识的理解，使用 Illustrator 制作界面 logo，体会 logo 在最小的空间表达出整个网站的风格。本任务在初步认识 logo 的基础上，重点是使学习者掌握使用 Illustrator 制作 logo 的方法和技巧，完成文字 logo 的制作。

2. 过程实施

（1）新建文档。启动 Illustrator 软件，新建文档，在打开的"新建文档"对话框中设置名称为"文字 logo"，宽度为 200mm，高度为 200mm，颜色模式为 RGB，单击"确定"按钮，完成文档的创建。如图 4-1-6 所示。

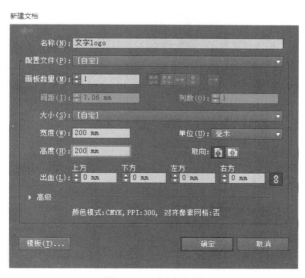

图 4-1-6　新建文档

（2）绘制文字"H"背景。选择"矩形"工具 ，在页面中单击鼠标，在"矩形"对话框中设置宽度 90mm，高度 90mm，填充颜色为红色（R：200，G：35，B：32），如图 4-1-7、图 4-1-8 所示。

图 4-1-7 素材准备　　　　　　　　　　　　　图 4-1-8 颜色设置

（3）绘制字母"H"。选择"文字"工具 T.，在页面中单击鼠标，打出字母"H"，填充颜色为白色（R：255，G：255，B：255），字符改为"Adobe 宋体 Std L"，大小改为 200pt，如图 4-1-9 所示。把文字移到刚才绘制的矩形的正中间，如图 4-1-10 所示。

图 4-1-9 调整字母"H"的字体大小和颜色

图 4-1-10 移动文字

（4）绘制字母"OME"。选择"文字"工具，输入字母"OME"，填充颜色为黑色（R：0，G：0，B：0），字符改为 Arial，大小设置为 200pt。如图 4-1-11 所示。

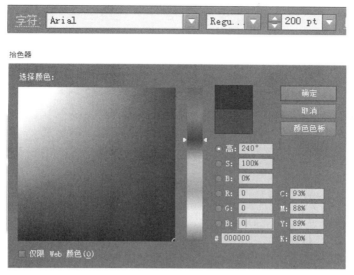

图 4-1-11　调整字母"OME"的字体大小和颜色

（5）绘制字母"M"上的蓝色形状。选择"椭圆"工具，绘制出字母 M 上的蓝色形状，设置颜色为蓝色（R：33，G：79，B：161），如图 4-1-12 所示。

图 4-1-12　绘制字母 M 上的蓝色形状

（6）效果预览。导出文件，效果如图 4-1-13 所示。

图 4-1-13　效果预览

学习小测

1. 知识测试

请完成以下单项选择题

（1）下面说法错误的是（　　　）。

    A．logo 是人们在长期的生活和实践中形成的一种视觉化的信息表达方式

    B．要与其他的 logo 有区别，要有自己的特性

    C．logo 设计首先要漂亮，然后才考虑要有它自身的含义

    D．logo 设计要有法律意识，一定要注意敏感的字样、形状和语言

（2）京东 logo 属于（　　　）。

    A．文字 logo　　　　　　　　　　B．图形 logo

    C．图文组合 logo　　　　　　　　D．抽象 logo

（3）下面关于"直接选择工具"的描述正确的是（　　　）。

    A．使用该工具在图形上单击鼠标就可将图形全部选中

    B．该工具通常用来选择成组的物体

    C．该工具可以选中图形中的单个锚点，并对其进行移动

    D．不能对已经成组图形中的单个锚点进行选择，必须将成组图形拆开，才可进行选择

（4）下列有关文本编辑描述正确的是（　　　）。

    A．文本转化为轮廓后，不再具有文本的一些属性

    B．如果要拷贝文字段中的一部分，可直接使用选择工具（工具箱中的黑色箭头）在文字段中的拖拉，选中要拷贝的文字

    C．文字块的形状只能是矩形

    D．文字可以围绕图形排列，但不可以围绕路径进行排列

（5）曲线锚点通常由（　　　）组成。

    A．方向点和方向线　　　　　　　B．方向点和路径片段

    C．方向线和锚点　　　　　　　　D．锚点和方向点

请完成以下判断题

（1）logo 按照基本构成要素大致分为文字 logo、图形 logo、图文组合 logo。（　　　）

（2）多元化和个性化是 logo 的发展趋势。（　　　）

（3）logo 只需要美观，而不用过多关注个性。（　　　）

（4）具象抽象相结合的目的是丰富标志设计的形象。（　　　）

2. 技术实战

主题：制作中国大学生篮球联赛官网 logo

要求：使用 Illustrator 软件，制作中国大学生篮球联赛官网 logo，预览效果如图 4-1-14 所示。（思考：如何实现文字变形。）

图 4-1-14　预览效果

任务 2　banner 设计制作

任务描述

本任务主要讲解使用 Illustrator 设计制作 banner 的方法与技巧，涉及的知识点主要有 banner 的认识、分类、制作要点等，在此基础上通过"世界地球日 banner 制作"实训，使读者全面掌握使用 Illustrator 设计制作 banner 的方法与技巧。本任务通过认识 banner 的知识引入，要求读者重点掌握 banner 的制作要点，学会使用 Illustrator 制作 banner。

知识解析

1. 认识 banner

banner 就是横幅广告，是互联网中最基本的广告形式。它是横跨于网页上的矩形公告牌，当用户点击这些横幅的时候，通常可以链接到广告的主网页。banner 一般会占据访问页面很大比例的区域，能吸引用户第一时间注意到 banner 所宣传的内容。

banner 一般使用 GIF 格式的图像文件，可以使用静态图形，也可用 SWF 动画图像。除普通 GIF 格式外，新兴的 Rich Media Banner（富媒体 Banner）能赋予横幅更强的表现力和交互内容，但一般需要用户使用的浏览器插件支持（Plug-in）。

（1）banner 设计原则。

①对齐原则：相关的内容要对齐，方便用户视线快速移动，一眼看到最重要的信息。

②聚拢原则：将内容分成几个区域，相关内容都聚在一个区域中。

③留白原则：千万不要把 banner 排得密密麻麻，要留出一定的空间，这样既减少了 banner 的压迫感，又可以引导读者视线，突出重点内容。

④降噪原则：颜色过多、字体过多、图形过繁，都是分散读者注意力的"噪音"。

⑤重复原则：排版时，要注意整个设计的一致性和连贯性，避免出现不同类型的视觉元素。

⑥对比原则：加大不同元素的视觉差异，这样既可使 banner 显得活泼，又突出了视觉

重点，方便用户一眼浏览到重要的信息。

（2）标准。Internet Advertising Bureau（IAB，国际广告局）的"标准和管理委员会"联合 Coalition for Advertising Supported Information and Entertainment（CASIE，广告支持信息和娱乐联合会）联合推出了一系列网络广告宣传物的标准尺寸。这些尺寸作为建议，提供给广告生产者和消费者，使大家都能接受。

①当前标准。随着大屏幕显示器的出现，banner 的表现尺寸越来越大，760×70 像素、1000×70 像素的大尺寸 banner 也悄然出现。

②1997 年第一次标准公布。

- 468×60 像素：全尺寸 banner。
- 392×72 像素：全尺寸带导航条 banner。
- 234×60 像素：半尺寸 banner。
- 125×125 像素：方形按钮。
- 120×90 像素：按钮类型。
- 120×60 像素：按钮类型。
- 88×31 像素：小按钮。
- 120×240 像素：垂直 banner。

③2001 年第二次标准公布。IAB 将不再支持 1997 年第一次公布标准中的 392×72 像素尺寸。

- 120×600 像素："摩天大楼"形尺寸。
- 160×600 像素：宽"摩天大楼"形尺寸。
- 180×150 像素：长方形尺寸。
- 300×250 像素：中级长方形尺寸。
- 336×280 像素：大长方形尺寸。
- 240×400 像素：竖长方形尺寸。
- 250×250 像素："正方形弹出式"广告尺寸。

（3）设计方法。

①折叠正/倒三角形。进行正三角形构图，可以使 banner 展示立体感强烈，重点突出，构图稳定自然，空间感强，此类构图方式给人安全感和可靠感。采用倒三角形构图，则一方面突出强烈的空间立体感，同时构图动感活泼，通过不稳定的构图方式，激发创意感，给人运动的感觉。

②折叠对角线。采用对角线构图方式能够改变常规的排版方式，适合组合展示，比重相对平衡，构图上活泼稳定，且有较强的视觉冲击力，特别适合运动型展示。

③扩散式。扩散式构图运用射线、光晕等辅助图形对图片主体进行突出，构图活泼有重点，次序感强，利用透视的方式围绕口号进行表达，给人以深刻的视觉印象。

2. banner 的分类

banner 是网站广告宣传最主要的部分，内容的设计非常重要。对于 banner 的版式设计，可以分为以下几种类型。

（1）色块分割。采用不同比例大小的色块组成 banner 的背景，加上人物与文案，这种表现形式适用于突出产品，如家具、服装、电子产品等。这种分割的界面感能快速提取到有价值的信息，需要注意的是选色的时候要注意整体的色感，如图 4-2-1 所示。

图 4-2-1　色块分割类型 banner

（2）几何边框。简约，常常会给人以冷酷、干净、现代的感觉。设计中使用简洁的形状元素、统一的配色方案、结构上留白，会达到很好的效果，如图 4-2-2 所示。

图 4-2-2　几何边框类型 banner

（3）2.5D。实际上，图形本身是没有 2.5D 的。运用现代计算机技术，将 2D 与 3D 结合起来运用就出现了介于 2D 和 3D 之间的风格。它在电商设计中很流行，其风格新颖、实用，可以放置很多内容，有动有静，可以很好地与二屏三屏连贯起来，受到一些大型促销活动的青睐，如图 4-2-3 所示。

图 4-2-3　2.5D 类型 banner

（4）扁平化。扁平化风格简洁而不简单，去掉繁琐的装饰效果，展现主体的核心表达。用文字以外的图形或者人物等来帮助 banner 带来更直观的感受，如图 4-2-4 所示。

图 4-2-4　扁平化类型 banner

（5）色彩叠加。色彩是有情感的，不同的配色会带给人完全不同的心理感受。所以在做图的时候需要根据主题进行配色，设计时需要考虑想要表达什么样的情感，想让用户有什么样的感受，所表达的情感与主题是否相符合，基于这些来做配色就更加有目的性了，如图 4-2-5 所示。

图 4-2-5　色彩叠加类型 banner

（6）渐变纹理。渐变的背景，甚至渐变的叠加，都能使 banner 设计风格化，搭配图片、纹理和文字，渐变能给人多种多样的体验，色彩浓郁是其特点，如图 4-2-6 所示。

图 4-2-6　渐变纹理 banner

3. banner 设计要素

（1）字体。

①字体变形。可以根据文案的内容进行夸大、强调、凸显重点文字，也可以变换笔划、更换颜色、拉伸文字等，如图 4-2-7 所示。

图 4-2-7　字体变形

②遮盖阴影。有笔划遮盖、整字遮盖。这种变换形式比较流行，如图 4-2-8 所示。

图 4-2-8　遮盖阴影

③文字底部加背景。这种形式突出主题，使主要文字与辅助文字达到统一，如图 4-2-9 所示。

图 4-2-9　文字底部加背景

④字体描边。这种形式突出文字主题，如图 4-2-10 所示。

图 4-2-10　字体描边

⑤投影、立体字体。利用软件或是 PS 图层样式制作出的 3D 效果，如图 4-2-11 所示。

图 4-2-11　投影文字

（2）主图。主图和文字相辅相成，图片要传达文字所要表达的内容，一般 banner 会以左图右文或左文右图（在金融、信息等领域常使用这种表现方式）、中间图文等方式展现。主图可以放人物、产品、插画等，如图 4-2-12 所示。

图 4-2-12　主图

（3）点缀元素。banner 中必不可少的还有点缀元素，可以是点线面的配合、虚实的变化、还有前后进深的变化。点缀元素带有方向性，通过对点缀元素的调整引导用户视觉，如图 4-2-13 所示。

图 4-2-13　点缀元素

（4）背景。banner 中面积最大的就是背景了，那么背景也有几种表现形式，可以是纯色背景、位图背景、渐变背景、底纹背景等。可以根据企业色、产品主色或是文案需求来定制背景颜色，如图 4-2-14 所示。

图 4-2-14　渐变背景

任务实现

实训：世界地球日 banner 制作

1. 成果预期

使用 Illustrator 制作界面 banner，体会 banner 在网页中的作用，同时要求 banner 的风格与内容一致。本任务在初步认识 banner 的基础上，重点是使学习者掌握 Illustrator 制作 banner 的方法和技巧，完成世界地球日 banner 的制作。

2. 过程实施

（1）新建文档。启动 Illustrator 软件，新建文档，在打开的"新建文档"对话框中设置名称为"世界地球日"，宽度为 400mm，高度为 180mm，颜色模式为 RGB。如图 4-2-15 所示。

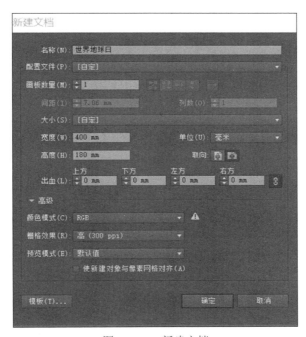

图 4-2-15　新建文档

（2）绘制背景。选择矩形工具，在页面中单击鼠标，在"矩形"对话框中设置宽度 400mm，高度 180mm 的无描边长方形，并为长方形填充绿色（R：200，G：220，B：160），再绘制一个无描边长方形，设置填充色（R：60，G：160，B：60），将两个长方形调整到合适的位置，如图 4-2-16 所示。

（3）绘制多层建筑。选择圆角矩形工具，绘制一个填充色为（R：60，G：160，B：60）的无描边长方形，再绘制一个填充色为（R：200，G：220，B：160）的无描边小正方形，复制多个小正方形作为长方形上的窗户，如图 4-2-17 所示。

图 4-2-16　绘制背景

图 4-2-17　绘制多层建筑

（4）绘制其他建筑。用同样的方法绘制出多个形状大小不同的高楼，其中浅绿色的高楼填充色颜色为（R：140，G：180，B：40），描边色为（R：200，G：220，B：160），设置合理的描边大小以达到效果，并摆放至合理的位置，如图 4-2-18 所示。

图 4-2-18　绘制其他建筑

（5）绘制小树。选择钢笔工具，画出树冠的轮廓并为其设置填充色（R：140，G：180，B：40）和描边色（R：200，G：220，B：160），描边值为 4，如图 4-2-19 所示。选择矩形工具绘制一个填充色为（R：0，G：100，B：50）的矩形，并使用直接选择工具调整锚点，完成树干的绘制，如图 4-2-20 所示。复制图 4-2-20 的效果图并对其旋转，变化大小，调整位置和摆放，达到图 4-2-21 的效果。将图 4-2-19 和图 4-2-21 组合在一起并调整图层顺序，完成小树的绘制，如图 4-2-22 所示。

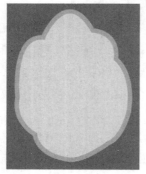

图 4-2-19　绘制树冠

图 4-2-20　绘制树干

图 4-2-21　绘制树枝

图 4-2-22　绘制小树

（6）摆放小树。将小树进行复制，并对其大小高矮进行调整，摆放至合理的位置，如图 4-2-23 所示。

图 4-2-23　摆放小树

（7）绘制树影。选择椭圆工具绘制一个椭圆，设置填充色为由深绿色（R：62，G：161，B：72）到浅绿色（R：144，G：192，B：38）的线性渐变，选择矩形工具绘制一个填充色为（R：64，G：161，B：59）的矩形作为树干，改变其大小位置并放置到合适的位置，如图 4-2-24 所示。

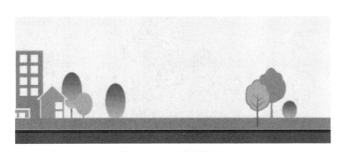

图 4-2-24　绘制树影

（8）绘制风车。重复绘制树干的步骤画出风车的柱子，并使用钢笔工具画出风叶的轮廓，如图 4-2-25 所示。为风叶设置填充色为绿色（R：64，G：161，B：59）。复制两个风叶，分别选中并右击选择"变换→旋转"命令，调整位置，如图 4-2-26 所示。复制风车并调整风车的大小和位置，效果如图 4-2-27 所示。

图 4-2-25　绘制风叶

图 4-2-26　绘制风车

图 4-2-27　风车效果图

（9）绘制蝴蝶。选择钢笔工具，画出蝴蝶的轮廓，如图 4-2-28 所示，并为其设置由
（R：155，G：184，B：37）到（R：78，G：163，B：52）的径向渐变，如图 4-2-29 所
示。复制出多个蝴蝶并改变其大小位置，效果如图 4-2-30 所示。

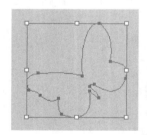

图 4-2-28　蝴蝶轮廓

图 4-2-29　填充蝴蝶颜色

图 4-2-30　蝴蝶效果

（10）绘制地球。

①绘制地球轮廓。选择椭圆工具，在页面单击后打开的对话框中设置宽度 150mm，高
度 150mm 的正圆，设置正圆的填充色为白色。选择褶皱工具，双击弹出工具栏设置参数，
如图 4-2-31 所示。使用褶皱工具在白色正圆的边线上涂抹形成褶皱，如图 4-2-32 所示。选
择椭圆工具绘制一个正圆，填充色为（R：65，G：95，B：70），将其与上一步图案中心重
合并调整图层位置，如图 4-2-33 所示。

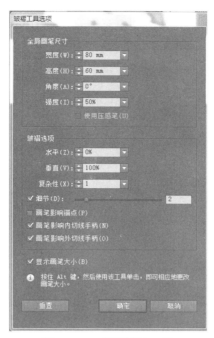

图 4-2-31　设置褶皱工具

图 4-2-32　绘制地球轮廓 1

图 4-2-33　绘制地球轮廓 2

②绘制陆地。选择钢笔工具，绘制出地球上的陆地，设置填充颜色分别为绿色（R：151，G：182，B：100）和土黄色（R：222，G：221，B：122），如图 4-2-34 所示。选择钢笔工具，设置描边为（R：99，G：147，B：100），大小为 13px，绘制出如图 4-2-35 的效果图，重复操作并放置到合理的位置，如图 4-2-36 所示。

图 4-2-34　绘制陆地

图 4-2-35　绘制底纹

图 4-2-36　地球效果

③绘制圆形树。选择椭圆工具，绘制填充色为（R：106，G：140，B：73）的椭圆。选择弧形工具，绘制描边为 2px（R：65，G：95，B：70）的弧线，和椭圆组合成一颗圆形的树，如图 4-2-37 所示。将其复制多个并改变大小，进行旋转摆放到不同的位置，如图 4-2-38 所示。

图 4-2-37　绘制圆形树

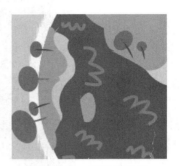

图 4-2-38　圆形树效果

④绘制三角树。选择多边形工具，单击页面打开对话框，设置边数为 3，绘制三角形，如图 4-2-39 所示。将三角形拉长，并为其设置填充色（R：102，G：142，B：82），选择直线工具，绘制描边为 2px、颜色为（R：65，G：95，B：70）的直线，调整位置，三角树绘制完成，如图 4-2-40 所示。将三角树复制多个并调整位置和大小放置合理的位置，如图 4-2-41 所示。

图 4-2-39　设置三角形参数

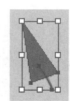

图 4-2-40　绘制三角树

图 4-2-41　三角树效果

⑤绘制房子。选择矩形工具，绘制两个填充色为（R：65，G：95，B：70）的小长方形，调整位置如图 4-2-42 所示，并将两个小长方形选中执行"窗口→路径选择器→联集"命令，屋顶制作完成。选择"钢笔工具"沿着屋顶的轮廓画出房子的下半部分，并设置填充色为（R：107，G：100，B：40），如图 4-2-43 所示。选择矩形工具绘制小长方形作为房子的门、窗户和烟囱，其中深绿色为（R：65，G：95，B：70），浅绿色为（R：107，G：100，B：40），绘制完成如图 4-2-44 所示。复制多个小房子，调整大小和位置，并为其设置不同的填充颜色，如薄荷绿（R：125，G：177，B：146），草绿色（R：121，G：136，B：66），将其摆放至合理的位置，如图 4-2-45 所示。

图 4-2-42 绘制屋顶

图 4-2-43 绘制房子轮廓

图 4-2-44 绘制门窗和烟囱

图 4-2-45 房子效果

⑥绘制山包。选择钢笔工具，勾勒出如图 4-2-46 所示的小山包的形状，上半部分填充色为（R：196，G：209，B：159），下半部分填充色为（R：135，G：146，B：108）。摆放至图中合适位置，效果如图 4-2-47 所示。

图 4-2-46 绘制山包

图 4-2-47 山包效果

（11）编辑文字。选择文字工具，设置字体大小为 300px，字体为方正姚体，点击输入文字"世界地球日"，字体颜色为黑色，描边为 4px，效果如图 4-2-48 所示。选择矩形工具绘制填充色为红色（R：229，G：0，B：17）的矩形，选择文字工具，输入文字"每年的4 月 22 日"，字体为方正姚体，大小为 72px，颜色为白色（R：255，G：255，B：255），将文字放置到红色矩形中，调整图层位置，如图 4-2-49 所示。

图 4-2-48　输入文字　　　　　　　　图 4-2-49　编辑文字

（12）效果预览。导出文件，效果如图 4-2-50 所示。

图 4-2-50　最终效果

学习小测

1. 知识测试

请完成以下单项选择题

（1）2.5D 风格的 banner 是（　　　）。

　　A．就是 2D 风格　　　　　　　　B．就是 3D 风格

　　C．介于 2D 和 3D 之间　　　　　　D．与 2D 和 3D 毫无关系

（2）下列关于各种选择工具的描述正确的是（　　　）。

　　A．使用选择工具（工具箱中的黑色箭头）在路径上任何部位单击不能选择整个
　　　　图形或整个路径

　　B．使用直接选择工具可选择路径上的单个锚点或部分路径，并且可显示锚点的
　　　　方向线

　　C．使用群组选择工具（工具箱中的带加号白色箭头）可选择成组物体中的单个
　　　　物体

　　D．使用选择工具（工具箱中的黑色箭头）可随时选择路径上的单个锚点或部分
　　　　路径，并且可显示锚点的方向线

（3）当对处于不同图层上的两个图形执行成组命令后，两个图形会（　　）。

    A．仍在各自的图层上

    B．在一个新建的图层上

    C．在原来位于下面的图层上

    D．在原来位于上面的图层上

请完成以下判断题

（1）banner 设计中只要颜色醒目就可以。   （　　）

（2）文字是 banner 的主角，必不可少。   （　　）

（3）banner 中的文字不能太多，配合的图形也无须太繁杂。   （　　）

2．技术实战

主题：制作 5G 科技 banner

要求：使用 Illustrator 软件，制作 5G 科技 banner，预览效果如图 4-2-51 所示。（思考：如何实现颜色渐变效果。）

图 4-2-51　5G banner

任务 3　按钮设计制作

任务描述

本任务主要讲解使用 Illustrator 设计制作按钮的方法与技巧，涉及的知识点主要有按钮的认识、分类、制作要点等，在此基础上通过"购物车按钮制作"实训，使读者全面掌握使用 Illustrator 设计制作按钮的方法与技巧。本任务通过认识按钮的知识引入，要求读者重点掌握按钮的制作要点，学会使用 Illustrator 制作按钮。

知识解析

1．认识按钮

按钮是交互设计中必备的元素，它在用户和系统的交互中承担着非常重要的作用，使用户能够按照特定的命令从系统获得预期的交互反馈。

当涉及到与用户界面交互时，用户需要立即知道什么是"可点击的"，什么不是。例如，它可能是发送电子邮件、购买产品、下载一些数据或内容，打开播放器以及大量其他可能的操作。

按钮种类非常多样化，可以满足多种用途。一般高频使用的按钮，它表示一个重要交互区域，通常使用特定的几何形状清晰地标记出来，并配有解释其特定操作功能的文字说明。设计师必须投入大量的时间和精力来创建高效并引人注目的按钮，这些按钮自然地融入了具体风格界面中，按钮和界面背景的对比度足以使其在版面中清晰可见。

按钮应该放在用户容易发现的地方，不要让用户四处找按钮。如果用户找不到按钮，他们就不会知道这个按钮的存在。尽可能使用传统的布局和标准的 UI 模式。传统的按钮布局提高了可发现性；采用标准的布局，用户可以很容易地理解每个元素的目的——即使它是一个没有强指针的按钮。将标准布局与整洁的视觉设计和充足的空白相结合，可以使界面布局更容易被理解。当用户第一次来到包含一些可操作行为的页面时，可以很容易就找到相应的按钮。

2. 按钮的分类

（1）CTA 按钮。CTA 是 Call-To-Action 的简称 ，是 Web 上一个重要的交互元素，目的是鼓励用户采取交互行为，然后提供特定页面或屏幕的转换（例如购买、联系、订阅等），它将被动用户变为主动状态。因此，从技术上讲，它可以是通过号召性用语文本支持的任何类型按钮。它与页面或屏幕上的所有其他按钮不同之处在于其引人注目的特性，CTA 按钮必须引起注意并刺激用户执行所需的操作。如图 4-3-1 所示。

图 4-3-1　CTA 按钮

（2）文本按钮。文本按钮意味着没有任何形状、填充标签或类似的东西。因此，直观地看，它看起来并不像按钮。文本按钮通常用于创建辅助交互部分，并不会分散主标题或 CTA 元素的注意力，如图 4-3-2 所示。

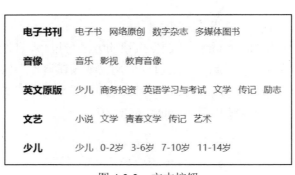

图 4-3-2　文本按钮

（3）下拉按钮。单击下拉按钮时，将显示互斥项目的下拉列表。一般在设置按钮中常见。当用户选择列表中的一个选项时，通常按颜色被标记为活动的。以图 4-3-3 为例，单击按钮时，将打开选项下拉列表。只要选择完成其中一项后，下拉列表就会消失，只保留选择选项和加号按钮，以防再次重复选择下拉列表。

图 4-3-3　下拉按钮

（4）"汉堡"按钮。"汉堡"按钮是隐藏菜单式按钮。单击或用光标选择按钮时，菜单会展开。这种菜单（或按钮）的名称是由于它的形状由三条水平线组成，看起来像典型的"汉堡"。现在它已是一种广泛应用的 Web 交互元素。

汉堡按钮优势是释放空间使界面更简约和舒服，从功能的角度来看，它为其他重要的布局元素节省了大量空间。但是也有人认为，这个设计元素可能会让那些不经常使用网站的人感到困惑，并且会被那些具有高度抽象性的标志误导。这可能会对导航产生负面影响，并成为用户体验不佳的原因。因此，应在用户调研和定义目标受众的能力和需求后做出关于应用"汉堡"按钮的决定。如图 4-3-4 所示。

图 4-3-4　"汉堡"按钮

（5）分享按钮。分享按钮可以将内容直接共享到社交网络账户。为了使这种联系更加清晰，网站上会出现一些图标，这些图标具有特定社交网络的 logo。如果用户不是专门为了分享登录网站的话，一般不需要将分享按钮详细化（没有额外图形、颜色标记、下划线等），只看到图标也是可以的，这种方法适合简约风格和有效利用负空间。如图 4-3-5 所示。

图 4-3-5　分享按钮

3. 按钮设计要素

（1）熟悉按钮外型。对于按钮来说，矩形（或圆角矩形）是最常用的形状，很容易让人习惯这种样式的按钮，并想到按钮所涉及的一些操作。如图 4-3-6 所示，一般会被认为是按钮，执行"确定"操作。而图 4-3-7 所示对用户来说是很难识别的，所以要小心使用。只有当所设计产品的风格需要偏离规范时才使用它们。

图 4-3-6　认为是按钮　　　　　　　　　　　图 4-3-7　难辨识按钮

（2）分解按钮。设计按钮时，对按钮中的每一个元素都要熟悉并合理地选择它们。根据品牌设计手册和产品设计规范为基准，考虑将按钮的设计风格与网页需求相适应并合理地运用到更多界面设计中去。如图 4-3-8 所示的按钮元素。可以使用网格基数来设置填充和安全边距并提高可读性。从图 4-3-8 可以看出，横向的内部间距是垂直间距的两倍，通过垂直间距来提高可读性。

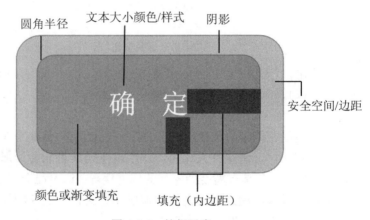

图 4-3-8　按钮元素

（3）间距、对齐。按钮间距不均匀是所有界面中最常见的问题之一。设计按钮时需要仔细检查按钮标签是否水平和垂直居中。必要时可以创建一个新的规范。图 4-3-9 为检查按钮是否水平、垂直对齐。

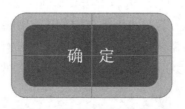

图 4-3-9　按钮水平、垂直对齐

（4）合适的尺寸。Web 按钮应该有合适的最小尺寸。如果按钮太小，就很难点击到它们，用户体验不友好，可能会导致用户因此卸载应用程序。基于光标的设备 32×32 像素的尺寸即可。尺寸应遵循"按钮越大，操作的便利性越高"的原则。

（5）合适的做法。重要按钮可以与图标配合去使用。比如说在显示"结账"一词的前提下，可以加入购物车图标让用户能更快速地进行识别。如图 4-3-10 所示，为文字图标配合使用按钮的对比图。

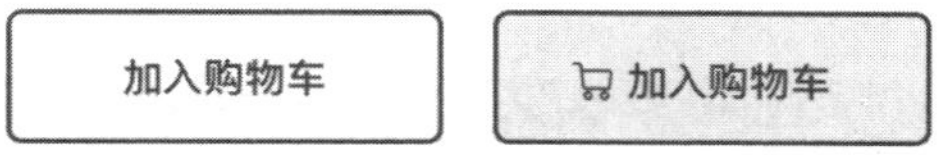

图 4-3-10　文字图标配合使用按钮的对比

在按钮标签之后放置向右箭头或">"形符号，可以更清晰地引导用户。用户如果"继续"操作的话，可增加一个 CTA 的按钮，方便用户点击。

带有阴影的立体按钮与平面按钮相比会更吸引用户注意，从而更增加用户的点击欲望。因此在按钮设计中添加一个弥散式投影，使其能在背景中清晰地展示出来。

（6）圆角平衡、对齐图标。圆形按钮更具有亲和力，但这使得它们的内容设计变得更加复杂。如果在按钮上方保留了对齐的文本，则圆角越圆，则该文本在视觉上将越小。在按钮上进行图标对齐很困难。在多数情况下，字体粗细和图标粗细之间的关系和对齐图标直接相关且有特定的联系。但是，有一条简单而有用的规则在大多数情况下都适用。那就是根据圆角半径来创建一个圆或正方形，其大小等于按钮的高度。在它里面创建另外一个形状来放置图标。它应该有一个填充在这个较大的形状里。与文字高度相同，然后将图标放在较小的形状里。如果是向右箭头">"，最好使箭头高度与文本高度相同，并且还可以根据字体宽度去衡量图标的线性宽度。两者的统一性越紧密，最终展示出来的效果会越好。如图 4-3-11 所示。

CHENKOUT　>

CHENKOUT　>

图 4-3-11　对齐图标按钮

任务实现

实训：购物车按钮制作

购物车按钮制作

1. 成果预期

使用 Illustrator 制作按钮，体会按钮在网页中的作用，同时注意按钮设计时突出可识别性。本任务在初步认识按钮的基础上，重点是使学习者使用 Illustrator 制作按钮的方法和技巧，完成购物车按钮的制作。

2. 过程实施

（1）新建文档。启动 Illustrator 软件，新建文档，在打开的"新建文档"对话框中设置名称为"购物车按钮"，宽度为 200mm，高度为 297mm，颜色模式为 RGB。如图 4-3-12 所示。

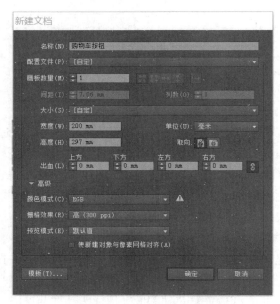

图 4-3-12　新建文档

（2）绘制按钮背景。选择圆角矩形工具，设置填充由（R：249，G：190，B：0）到（R：246，G：226，B：122）的渐变，描边由（R：249，G：190，B：0）到（R：86，G：194，B：233）的渐变。描边大小为 3pt。在页面点击鼠标，在对话框中输入宽度 90mm，高度 30mm，圆角半径 10mm，如图 4-3-13 所示，按钮背景效果如图 4-3-14 所示。

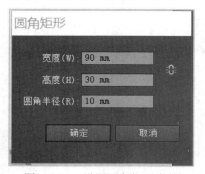

图 4-3-13　设置圆角矩形参数

图 4-3-14　按钮背景

（3）绘制购物车。选择直线工具，设置描边大小为 2pt，绘制成购物车车身形状，如图 4-3-15 所示。选中绘制的图形，右击选择编组。选择椭圆工具绘制一个正圆，然后复制绘制的圆并将其放大，如图 4-3-16 所示。右击选择编组。将绘制的车轮移动到车身下，调整位置，选中车身、车轮，右击选择编组。最后图形如图 4-3-17 所示。

图 4-3-15　购物车车身

图 4-3-16　购物车车轮

图 4-3-17　购物车

（4）调整购物车。选中购物车，将购物车的颜色调整为白色（R：254，G：254，B：254），绘制的购物车切换为白色，缩小购物车，并将购物车图形移动到圆角矩形里，如图 4-3-18 所示。

（5）编辑文字。选择文字工具，大小设为 36pt，字体设置为方正粗黑素简体。输入文字"购物车"，将其移动到圆角矩形里。导出文件，效果如图 4-3-19 所示。

图 4-3-18　调整购物车

图 4-3-19　最终效果

学习小测

1．知识测试

请完成以下单项选择题

（1）关于 CTA 按钮说法不正确的是（　　）。

　　A．CTA 按钮是 Web 和移动软件应用中最常用的交互元素

　　B．CTA 按钮只需使用大尺寸的按钮和明亮的颜色，就能实现其吸引用户的目标

　　C．CTA 按钮的引导文案会提示用户如果点击它们将获得什么收益，文案必须迅速吸引用户的注意力，并引导他们正确行动

　　D．CTA 是英文"Call-To-Action"的简写，又名行为召唤按钮

（2）下面关于"汉堡"按钮的说法不正确的是（　　）。

　　A．"汉堡"按钮是隐藏菜单式按钮

　　B．默认情况下知道此按钮隐藏了各种类别的网站内容

　　C．"汉堡"按钮是用来设计和食物相关的按钮

　　D．汉堡按钮菜单的优势是释放空间使界面更简约和舒服

（3）在 Illustrator 中，线形工具组包括"直线段"工具、"弧线"工具、"螺旋线"工具、"矩形网格"工具和（　　）工具。

　　A．椭圆　　　　　　B．曲线　　　　　　C．直角坐标　　　　D．极坐标网格

（4）在 Illustrator 中对对象进行编组命令的快捷键为（   ）。

        A．Ctrl+;   B．Ctrl+"   C．Ctrl+G   D．Ctrl+R

（5）Illustrator 中按（   ）键时，可使选定对象的颜色在填充和笔触填充之间切换。

        A．Shift+X   B．Shift+L   C．Shift+W   D．Shift+F

请完成以下判断题

（1）"汉堡"按钮是隐藏菜单式按钮。   （   ）

（2）文本按钮意味着没有任何形状、填充标签或类似的东西。   （   ）

（3）分享按钮应该吸引用户关注，越醒目越好。   （   ）

（4）点击下拉按钮时，将显示互斥项目的下拉列表。   （   ）

2．技术实战

主题：制作个人中心按钮

要求：使用 Illustrator 软件，制作个人中心按钮，预览效果如图 4-3-20 所示。（思考：如何绘制按钮中心人物）。

图 4-3-20   个人中心按钮

任务 4   导航栏设计制作

任务描述

        本任务主要讲解使用 Illustrator 设计制作导航栏的方法与技巧，涉及的知识点主要有导航栏的认识、分类、制作要点等，在此基础上通过"淘宝导航栏制作"实训，使读者全面掌握使用 Illustrator 设计制作导航栏的方法与技巧。本任务通过认识导航栏的知识引入，要求读者重点掌握导航栏的制作要点，学会使用 Illustrator 制作导航栏。

知识解析

1．认识导航栏

        导航是元素的组合，导航设计最大的作用就是告诉用户当前在哪里，从哪里来，能到哪里去。我们还需要为用户跳转提供方法，并且能明确让用户感受到导航栏元素与页面的关系，最后是表达出内容与用户浏览界面的关系。

        网页版式与其他视觉传达媒体所不同的重要一条就是，它必须具备清晰的导航性。对于浏览者来说，导航是网站内容的目录。导航系统作为网站信息储备的核心构架，展示出了网站的规模、储备方式和查阅方式等基础设施。网页导航应该帮助浏览者理解他们在哪里和去哪里，即让浏览者时刻清楚自己所处的位置，并能轻松进入其他页面或返回本页面。

导航栏设计时需要考虑下面的几个事项。

- 可达性：导航功能可以说是所有界面最重要的组成部分，因此一定要保证其可达性，并把最关键的要素尽量突出，同时不要影响到内容本身。
- 是否有意义：确保菜单、操作栏、弹窗、按钮、箭头、链接等导航要素简单明了，让用户一看就知道是什么意思以及操作结果是什么。不要弄得太过花哨，用户没有耐心去"猜"。
- 易于理解：如果想设计比较高级的导航功能（例如链接图片、允许滑动或其他手势导航，或者访问隐藏菜单），请务必在设计过程中保证前后一致，以便用户熟悉你所使用的模式，同时还应加入一些额外的信息（例如小箭头、文字或改变颜色或高亮等）来吸引用户注意力，并以微妙的方式对用户进行引导。不要给用户呈上"看得见摸不着的导航功能"。
- 通用性：导航功能应当以一定的形式显示于移动应用的各个界面。各个导航模式不一定要完全相同，但其基本结构应当在应用内保持一致，可以根据背景进行小幅度的调整。

2. 导航栏的分类

（1）导航根据页面布局方式分类。

①主栏目导航栏。在主页面上，是所有网页都具有的导航选项，一般是网页内容的分类，提供给读者必要的选项。

②二级导航栏。当浏览者正在浏览网站的一个特殊区域时，第二级导航就会显示出这一级的特定内容。

③快速导航。快速导航一般出现在网页的右侧，并且采用浮动的方式伴随于每一个网页，不会因为页面的滚动而找不到导航，能够提供随时可用的链接。

④相关链接导航。相关链接一般出现在网页的下部，用于提供相关栏目的链接，一般以图块的方式出现。

（2）导航根据位置分类。为了分辨不同的导航，可以把导航信息以相同的形式固定在不同页面的相同位置，这些位置可以是页面的上部、下部、左侧、右侧或中部，页面中间一般放置主体内容。一个网页实际上有四个基本区域最适合放置导航元素：在网页的顶部、左侧、右侧和中部，放在下部需要将网页控制在一屏以内。

①顶部水平栏导航。顶部水平栏导航是当前两种最流行的网站导航菜单设计模式之一。它最常用于网站的主导航菜单，且最通常放在网站所有页面的网站头部的直接上方或直接下方。如图 4-4-1 所示。

图 4-4-1 顶部水平栏导航

顶部水平栏导航的一般特征有以下几点。

● 　导航项是文字链接，按钮形状，或者选项卡形状。

● 　水平栏导航通常直接放在邻近网站 logo 的地方。

● 　它通常位于折叠之上。

顶部水平栏导航最大的缺点就是它限制了你在不采用子级导航的情况下可以包含的链接数。对于只有几个页面或类别的网站来说，这不是什么问题，但是对于有非常复杂的信息结构且有很多模块组成的网站来说，如果没有子导航的话，这并不是一个完美的主导航菜单选择。

②竖直/侧边导航栏。竖直/侧边导航栏的导航项被排列在一个单列，一项在一项的上面。它经常在左上角的列上，在主内容区之前，根据一份针对从左到右习惯读者的导航模式的可用性研究，左边的竖直导航栏比右边的竖直导航表现要好。

竖直/侧边导航适用于几乎所有种类的网站，尤其适合有一堆主导航链接的网站。如图4-4-2 所示。

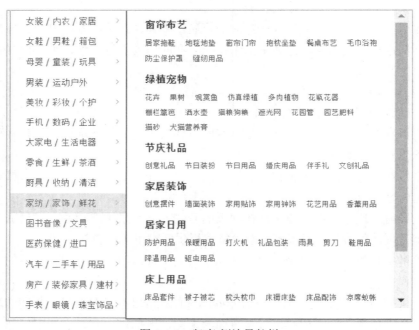

图 4-4-2　竖直/侧边导航栏

竖直/侧边栏导航的一般特征如下。

● 　文字链接作为导航项很普遍（包含或不包含图标）。

● 　很少使用选项卡（除了堆叠标签导航模式）。

● 　竖直导航菜单经常含有很多链接。

③中部导航栏。当进入一个网页的进入页时，将导航按钮放在页面的中心位置便于浏览者进行选择，进入页类似于书籍的封面，帮助浏览者决定到哪里，这样的设计使导航看起来十分突出。如图 4-4-3 所示。

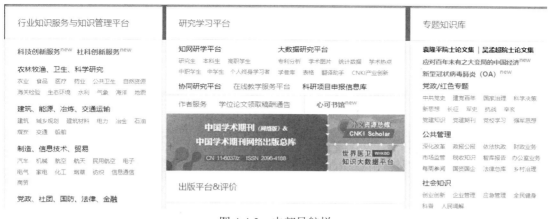

图 4-4-3　中部导航栏

④下部导航栏。为了突出展示的内容，将导航放在下部也是可以的，但要将网页严格控制在一屏以内，而不能在浏览时出现垂直的滚动条。

⑤选项卡导航栏。选项卡导航可以随意设计成任何想要的样式，它存在于各种各样的网站里，并且可以纳入任何视觉效果。如图 4-4-4 所示。

图 4-4-4　选项卡导航栏

选项卡比起其他类别的导航有一个明显的优势，即它们对用户有积极的心理效应。人们通常把导航与选项卡关联在一起，因为他们曾经在笔记本或资料夹里看见选项卡，并且把它们与切换到一个新的章节联系在一起。这个真实世界的暗喻使得选项卡导航非常直观。

选项卡导航栏的一般特征如下。

● 样式和功能都类似真实世界的选项卡，就像在文件夹，笔记本等看到的一样。

● 一般是水平方向的但也有时是竖直的（堆叠标签）。

但是选项卡导航栏也有它的缺点。最大的缺点是它比简单的顶部水平栏更难设计。它们通常需要更多的标签，图片资源以及 CSS，具体根据标签的视觉复杂度而定。选项卡的另一个缺点是它们也不太适用于链接很多的情况，除非它们竖直地排列（即使这样，如果太多的话它们还是看起来很不合适）。

⑥面包屑导航栏。面包屑的名字来源于 Hansel 和 Gretel 的故事，他们在沿途播撒面包屑以用来找到回家的路，这可以告诉你在网站的当前位置。这是二级导航的一种形式，辅助网站的主导航系统。如图 4-4-5 所示。

当前位置：易车 ＞ 车型 ＞ 奥迪 ＞ **奥迪A8L**

图 4-4-5　面包屑导航栏

面包屑导航栏的一般特征如下。

● 一般格式是水平文字链接列表，通常在两项中间伴随着箭头以指示层及关系。

● 从不用于主导航。

⑦标签导航栏。标签经常被用于博客和新闻网站。它们常常被组织成一个标签云，导航项可能按字母顺序排列，或者按流行程度排列。如图 4-4-6 所示。

图 4-4-6　标签导航栏

标签云通常出现在边栏或底部。如果没有标签云，标签则通常包括于文章顶部或底部的元信息中，这种设计让用户更容易找到相似的内容。

标签导航栏的一般特征如下。

● 标签是以内容为中心的网站（博客和新闻站）的一般特性。

● 仅有文字链接。

● 当处于标签云中时，链接通常大小各异以标识流行度。

● 经常被包含在文章的元信息中。

⑧搜索导航。近些年来网站检索已成为流行的导航方式。它非常适合拥有无限内容的网站（像维基百科），这种网站很难使用其他的导航。搜索也常见于博客和新闻网站，以及电子商务网站。如图 4-4-7 所示。

图 4-4-7　搜索导航栏

搜索导航的一般特征如下。

● 搜索栏通常位于头部或在侧边栏靠近顶部的地方。

● 搜索栏经常会出现在页面布局中的辅助部分，如底部。

⑨出式菜单和下拉菜单导航。出式菜单（与竖直/侧边栏导航一起使用）和下拉菜单（一般与顶部水平栏导航一起使用）是构建健壮的导航系统的好方法。它使得网站整体上看起来很整洁，而且使得深层章节很容易被访问。如图 4-4-8 所示。

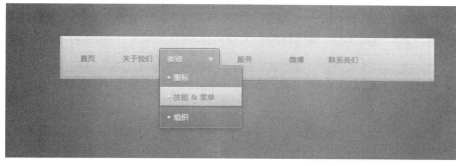

图 4-4-8　出式菜单和下拉菜单导航

任务实现

淘宝导航栏制作

实训：淘宝导航栏制作

1. 成果预期

使用 Illustrator 制作导航栏，体会导航栏在网页中的作用，同时体会导航栏的设计要素。本任务在初步认识导航栏的基础上，重点是使学习者使用 Illustrator 制作导航栏的方法和技巧，完成淘宝导航栏的制作。

2. 过程实施

（1）新建文档。启动 Illustrator 软件，新建文档，在弹出的"新建文档"对话中设置名称为"淘宝导航栏"，宽度为 420mm，高度为 90mm，颜色模式为 RGB。如图 4-4-9 所示。

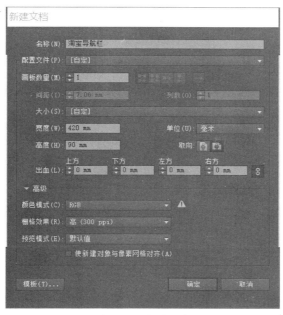

图 4-4-9　新建文档

（2）绘制导航栏背景。选择矩形工具绘制出宽度为 400mm，高度为 20mm，绘制填充色为白色（R：255，G：255，B：255），无描边的矩形。如图 4-4-10 所示。

图 4-4-10　绘制背景

（3）绘制"商品分类"选项。

①绘制背景。选择矩形工具绘制出宽度为 40mm，高度为 20mm，绘制填充色为红色（R：230，G：0，B：20），无描边的矩形。贴在导航栏背景的最左边。如图 4-4-11 所示。

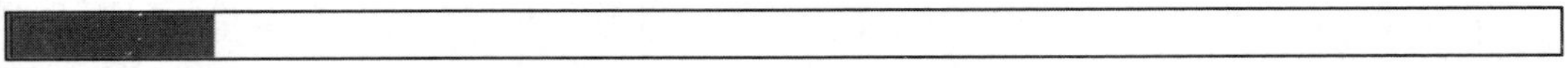

图 4-4-11　"商品分类"选项

②绘制"汉堡"导航。选择椭圆工具绘制正圆，无描边，填充颜色为白色（R：255，G：255，B：255），然后复制出两个正圆。选择矩形工具绘制小长方形，无描边，填充颜色为白色（R：255，G：255，B：255），然后复制两个小长方形。调整图形如图 4-4-12 所示。

图 4-4-12　绘制"汉堡"导航

③编辑文字。在红色矩形里面使用文字工具输入"商品分类"，字体为宋体，字号为 36pt，填充色为白色（R：255，G：255，B：255），描边颜色为白色（R：255，G：255，B：255）如图 4-4-13 所示。

图 4-4-13　编辑文字

（4）绘制"天猫超市"选项。

①绘制图标。钢笔工具绘制出"天猫"图形，如图 4-4-14 所示。填充色为绿色（R：0，G：153，B：67），调整大小，将图标放到导航栏背景中。

图 4-4-14　绘制"天猫超市"图标

②编辑文字。选择文字工具输入"天猫超市"，字体为宋体，字号为 36pt，填充色为绿色（R：0，G：153，B：67），描边颜色为绿色（R：0，G：153，B：67）描边大小为 1.5pt。在"天猫"图标中输入"超市"，字体为宋体，字号为 14pt，填充色为白色（R：255，G：255，B：255），描边颜色为白色（R：255，G：255，B：255），如图 4-4-15 所示。

商品分类 天猫超市

图 4-4-15   "天猫超市"选项

（5）绘制"天猫国际"选项。

①绘制图标。复制"天猫"图标，设置填充色为紫色（R：95，G：24，B：133），在导航栏中调整位置。如图 4-4-16 所示。

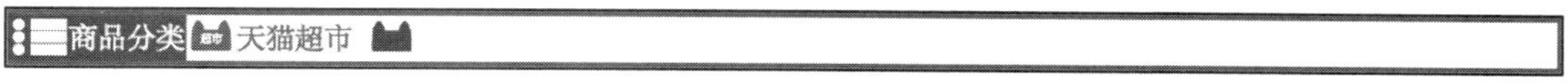

商品分类 天猫超市

图 4-4-16   绘制"天猫国际"图标

②编辑文字。选择文字工具输入"天猫国际"，字体为宋体，字号为 36pt，填充色为紫色（R：95，G：24，B：133），描边颜色为紫色（R：95，G：24，B：133），描边大小为1.5pt。在"天猫"图标中输入"国际"，字体为宋体，字号为 14pt，填充色为白色（R：255，G：255，B：255），描边颜色为白色（R：255，G：255，B：255），如图 4-4-17 所示。

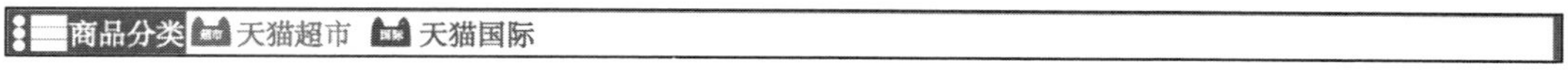

商品分类 天猫超市 天猫国际

图 4-4-17   "天猫国际"选项

（6）绘制其他选项。选择文字工具输入如图 4-4-18 所示的文字，填充颜色为黑色（R：0，G：0，B：0），无描边颜色，字体为"宋体"，字体大小为 36pt。

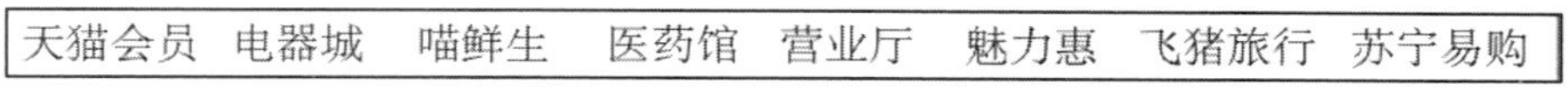

天猫会员 电器城 喵鲜生 医药馆 营业厅 魅力惠 飞猪旅行 苏宁易购

图 4-4-18   其他选项

（7）效果预览。导出文件，效果如图 4-4-19 所示。

商品分类 天猫超市 天猫国际 天猫会员 电器城 喵鲜生 医药馆 营业厅 魅力惠 飞猪旅行 苏宁易购

图 4-4-19   最终效果

学习小测

1. 知识测试

请完成以下单项选择题

（1）在 Illustrator 中绘制多边形时，可以选择多边形工具拖拽，按（   ）键来增加和减少边数。

　　　A．左右箭头　　　　　　　　　B．Shift+上下箭头

　　　C．上下箭头　　　　　　　　　D．Ctrl+左右箭头

（2）用椭圆工具绘制正圆形时，需按住（   ）键。

　　　A．Ctrl　　　　　　　　　　　B．Shift

　　　C．Alt　　　　　　　　　　　　D．Ctrl+Shift

（3）关于搜索导航说法正确的是（　　　）。

  A．搜索栏都位于头部

  B．搜索导航应该作为主要的导航形式

  C．搜索是用户在无法被导航到他们想找的东西的地方时的可靠选择

  D．所有搜索引擎都是平等的

（4）关于面包屑导航栏说法正确的是（　　　）。

  A．面包屑导航栏适用于所有网站

  B．面包屑导航栏可以帮助访客了解到当前自己在整站中所处的位置

  C．面包屑导航栏可以用于主导航

  D．没有明显层次结构也可以使用面包屑导航

请完成以下判断题

（1）网站中的导航都固定在特定的位置上。   （　　　）

（2）选项卡导航栏只有水平方式一种。   （　　　）

（3）竖直/侧边导航栏不可以与子导航菜单一起使用。 （　　　）

（4）相关链接一般出现在网页的下部，用于提供相关栏目的链接，一般以图块的方式出现。   （　　　）

2．技术实战

主题：制作大学生网导航栏

要求：使用 Illustrator 软件，制作大学生网导航栏，预览效果如图 4-4-20 所示。（思考：大学生网导航栏都涉及哪些元素。）

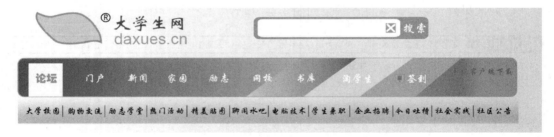

图 4-4-20 预览效果

项目 5　简单动画的设计与制作

项目描述

　　Web 页面中包含的元素有很多，有文字、图片、音视频还有动画。动画一般是以 Flash 动画为主要表现形式，目前使用最广泛的就是 Adobe Flash。本项目将从创建简单动画入手，从编辑图形、处理外部素材、制作典型动画这几方面向读者介绍使用 Flash 设计与制作 Web 页面中小动画的必备知识，在此基础上通过专题实训，使读者全面掌握使用 Flash 制作动画的方法与技巧。本项目通过工作环境及基本操作的知识引入，要求读者重点掌握典型动画的制作方法。

学习目标

- 了解 Flash 动画原理、特点及应用领域相关知识
- 掌握帧、场景、舞台、时间轴、图层、矢量图、位图等必备专业术语
- 掌握编辑图形的方法与技巧
- 掌握典型动画的制作方法与技巧

知识导图

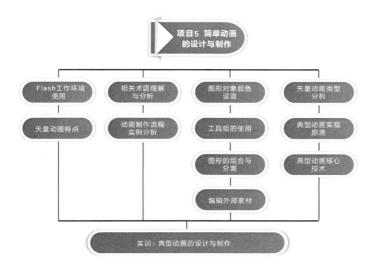

任务 1　快速体验动画制作流程

任务描述

本任务主要讲解 Flash 软件的基本使用方法，涉及的知识点主要有动画制作流程、基本术语、简单动画的制作方法等，在此基础上通过"自定义工作界面"实训，使读者全面体验自创 Flash 动画的过程。本任务通过动画形成原理的知识引入，要求读者重点掌握简单设置普通帧、关键帧实现动画效果的方法。

知识解析

1. 认识 Flash 动画

（1）动画的形成。动画的形成利用了人眼的"视觉暂留"特征，把人、物的表情、动作、变化等分段画成许多画面，然后连续播放一系列画面，给视觉造成连续变化的图画效果。它的基本原理与电影、电视一样，都是视觉原理。

医学证明，人类具有"视觉暂留"的特性，就是说人的眼睛看到一幅画或一个物体后，每当一幅图像从眼前消失的时候，留在视网膜上的图像并不会立即消失，还会延迟约 1/16～1/12 秒。在这段时间内，如果下一幅图像又出现了，我们眼睛里就会产生上一画面与下一画面之间的过渡效果从而形成连续的画面，给人造成一种流畅的视觉变化效果。电影、电视的动态效果也是视觉暂留原理形成的。电影的播放速度一般是每秒 24 帧，即帧频为 24fps，Flash 动画的帧频一般设置为 12fps。若要控制动画的播放速度，可以根据需要改变帧频。

（2）什么是 Flash。Flash 是一个非常优秀的矢量动画制作软件，它以流式控制技术和矢量技术为核心，制作的动画具有短小精悍的特点，所以被广泛应用于网页动画的设计中，已成为当前网页动画设计最为流行的软件之一。

随着 Flash 技术的不断发展，其应用的领域也越来越广泛。目前已经有不计其数的 Flash 作品在网络中被运用。在现阶段，Flash 应用的领域主要有娱乐短片、片头、广告、MTV、导航条、小游戏、产品展示、应用程序界面的开发、网络应用程序开发等几个方面。

①网站动画。为达到一定的视觉冲击力，很多企业网站往往使用 Flash 动画来增强网站元素的视觉效果与交互性，应用 Flash 动画效果的网站元素包括网站引导页、Logo（网站的标志）、Banner（网页横幅广告）、Flash 按钮等。

②Flash 广告。利用 Flash 制作广告动画具有短小精干、表现力强的特点，适合在网络上传输。登录互联网总会发现一些动感时尚的 Flash 广告，它们起到了一定的宣传作用。

③Flash 贺卡。随着互联网的应用普及，电子贺卡越来越多地被应用于传递人们之间的问候与祝福。利用 Flash 制作电子贺卡可以结合音乐、视频等多媒体元素。

④Flash MTV。Flash 融合了强大的设计工具，可以生成动画和绚丽的图形界面，同时由于 Flash 支持 MP3、WMA 音频，而且能边下载边播放，因此大大节省了下载的时间和所占用的带宽。

⑤Flash 游戏。Flash 游戏一般情节简单，操作容易且文件体积较小，能带给用户轻松体验。

⑥教学课件。Flash 也是一个完美的教学课件开发软件，所做的课件容量小，易携带，动画效果较好，交互性很强，非常有利于教学的互动。就目前的流行趋势来看，Flash 教学课件一般是以互动游戏的形式辅助学生理解教学难点。

（3）基本术语。

①帧：关于"帧"这个概念，我们可以把它想象成电影胶片上每一格镜头，一帧就是一幅静止的画面，连续的帧就形成动画。

再延伸一个"帧数"的概念，简单地说，帧数就是在 1 秒钟时间里传输的图片的帧的数量，也可以理解为图形处理器每秒钟能够刷新几次，通常用 fps（Frames Per Second）表示。每秒钟帧数（fps）越多，所显示的动作就会越流畅。

②电影：泛指 Flash 中的动画文件，它是一种文件形式。Flash 电影就是通过一定数量的帧按照时间的某一顺序组织起来的一个集合体。

③舞台：舞台也称为绘图工作区，也就是编辑动画的场所，舞台的大小决定动画作品的尺寸。

④场景：场景是由不同的舞台对象组成的集合体，Flash 动画中把电影分成不同的场景，其目的是为了对电影中不同类型的剧情分类，同时也便于制作、管理及后期维护。

⑤图层：图层就像是含有文字或图形等元素的胶片，一张张按顺序叠放在一起，组合起来形成页面的最终效果。

⑥时间轴：时间轴是以时间为基础的线性进度安排表，它一方面用来表示动画的帧，另一方面用来表示动画的运动时间，同时它还与层一一对应。

⑦矢量图：矢量图也称为面向对象的图像或绘图图像，它使用直线和曲线来描述图形，这些图形的元素是一些点、线、矩形、多边形、圆和弧线等，矢量图最大的优点是图像放大或缩小不影响图像的分辨率，如图 5-1-1 所示。

⑧位图：位图图像也称为点阵图像，是由称作像素（图片元素）的单个点组成的。这些点可以进行不同的排列和染色以构成图样。如图 5-1-2 所示，当放大位图时，可以看到构成整个图像的无数单个方块。

图 5-1-1　矢量图

图 5-1-2　位图图像

2．工作环境

（1）开始界面。Flash CS6 的工作界面较之前版本有许多改进之处，文档的切换也更加方便，启动 Flash CS6，会出现如图 5-1-3 所示的开始界面，在该界面中可进行新建、打开最近文件、扩展等项目的操作。

图 5-1-3　Flash CS6 开始界面

（2）工作界面。在开始界面中选择"新建→ActionScript 3.0"命令，即可进入 Flash CS6 工作界面，如图 5-1-4 所示，它包括菜单栏、工具箱、时间轴、舞台（绘图工作区）、面板这几个区域。

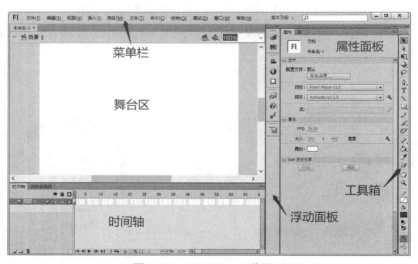

图 5-1-4　Flash CS6 工作界面

①菜单栏。菜单栏复制了绝大多数通过窗口和面板可实现的功能，它是 Flash CS6 的命令集合，包括"文件""编辑""视图""插入""修改""文本""命令""控制""调试""窗口""帮助"共 11 个菜单项，用鼠标单击某一菜单，会弹出相应的下拉菜单。

②工具箱。工具箱位于 Flash CS6 初始工作界面的左侧，是最常用的一个面板，工具箱包括选择工具、绘图工具、颜色填充工具、查看工具、颜色选择工具、工具属性 6 个部分，当鼠标移动到某一图标上方时，该图标变为彩色显示并且鼠标右下方会出现该图标的功能解释。

③时间轴。时间轴是 Flash 中使用最为频繁的面板之一，它是进行动画编辑的基础。时间轴是以时间为基础的线性进度安排表，它一方面用来表示动画的帧，另一方面用来表示动画的运动时间，同时它还与层一一对应。时间轴用于组织和控制文档内容在一定时间内播放的图层数和帧数，时间轴分为两个区域，左侧用于图层的编辑与调整，右侧为帧的控制区。

④场景和舞台。Flash 动画中舞台的概念与现实生活中舞台的概念有相似之处，也称为绘图工作区，是编辑动画的场所。场景是由不同的舞台对象组成的集合体，Flash 动画中把影片分成不同的场景，这样做既可以按剧情分类，又便于制作、管理及后期维护。

⑤面板。Flash CS6 提供了丰富的面板，使用面板可以处理对象、颜色、文本、实例、帧、场景等内容。选择"窗口"菜单，可显示出所有的面板，凡是工作界面中已显示的面板，在菜单中的面板名称前方会显示对勾。

任务实现

实训：自定义工作界面

自定义工作界面

1. 成果预期

掌握 Flash CS6 工作界面中菜单栏、工具箱、时间轴、场景和舞台、面板的基本设置方法，能使用标尺、网格等工具来辅助精确定位舞台中的元素，通过对以上各元素的位置、尺寸、属性等的调整，设计出符合制作者操作习惯的自定义工作界面。

2. 过程实施

（1）启动 Flash CS6。选择"开始→程序→Adobe Flash Professional CS6"菜单命令（或者双击桌面上的 Flash CS6 快捷方式图标），启动 Flash CS6，进入 Flash CS6 的开始界面，如图 5-1-3 所示。

（2）打开初始工作界面。选择开始界面中"新建"项目中的"ActionScript3.0"，进入到 Flash CS6 的初始工作界面，如图 5-1-4 所示。

（3）打开"行为"面板。选择"窗口→行为"菜单命令，打开"行为"面板，此时该面板为浮动状态，如图 5-1-5 所示。

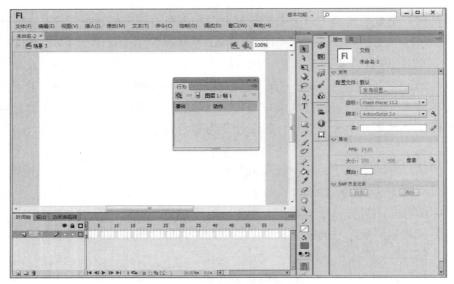

图 5-1-5 浮动的"行为"面板

（4）固定"行为"面板。鼠标左键按住"行为"面板上边框，拖动该面板至"属性"面板下边框处，直到"属性"面板下边框出现一条蓝色的线，松开鼠标左键，此时"行为"面板就被固定在"属性"面板下方区域，如图 5-1-6 所示。

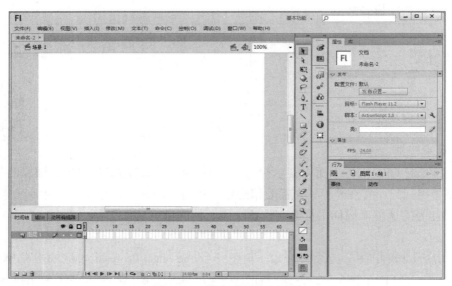

图 5-1-6 固定"行为"面板

（5）调整"行为"面板与"属性"面板尺寸。将鼠标移动至"行为"面板与"属性"面板交界处，鼠标指针变为双向箭头，按住鼠标左键进行拖动，调整至适当位置，松开鼠标。

（6）调整"工具箱"。鼠标左键按住"工具箱"上边框，拖动"工具箱"至绘图工作区，此时"工具箱"变为浮动状态，将鼠标移动至"工具箱"右边框和下边框，鼠标指针变为双向箭头，按住鼠标左键进行拖动，调整"工具箱"尺寸至适当位置，松开鼠标，如图 5-1-7 所示。

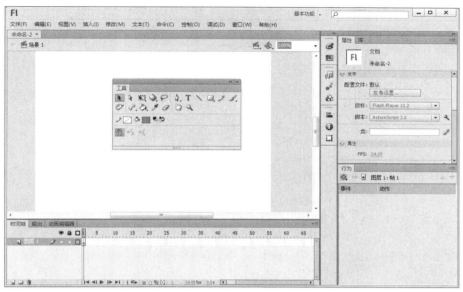

图 5-1-7　调整"工具箱"

（7）固定"工具箱"。鼠标左键按住"工具箱"上边框，将其拖动至工作界面左边框处，直到左边框出现一条蓝色的线，松开鼠标左键，此时"工具箱"就被固定在工作界面左侧，将鼠标移动至"工具箱"右边框，鼠标指针变为双向箭头，按住鼠标左键进行拖动，调整"工具箱"尺寸至适当位置，松开鼠标，如图 5-1-8 所示。

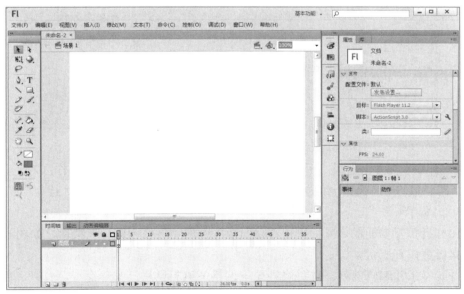

图 5-1-8　固定"工具箱"

（8）展开浮动面板。鼠标单击浮动面板区中的"展开面板"按钮，如图 5-1-9 所示。展开后的效果如图 5-1-10 所示。

图 5-1-9　"展开面板"按钮

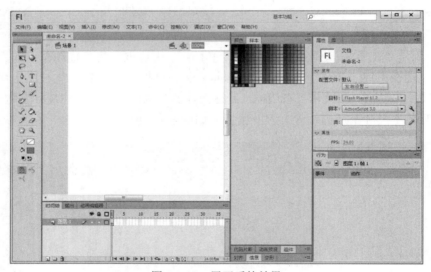

图 5-1-10　展开后的效果

（9）合并"样本"面板。用鼠标左键将"样本"面板拖动至绘图工作区，使其变为浮动状态，再将其拖动至工作界面右下角"行为"面板标签右侧，使其与"行为"面板合并，如图 5-1-11 所示。

（10）折叠浮动面板。鼠标单击浮动面板区中的"折叠为图标"按钮，如图 5-1-12 所示，使其折叠恢复原状。

（11）显示并编辑网格。选择"视图→网格→编辑网格"菜单命令，打开"网格"对话框，设置颜色为红色，勾选"显示网格"复选框，设置宽度和高度为 30 像素，如图 5-1-13 所示，单击"确定"按钮，完成自定义工作界面的设计，保存文件。

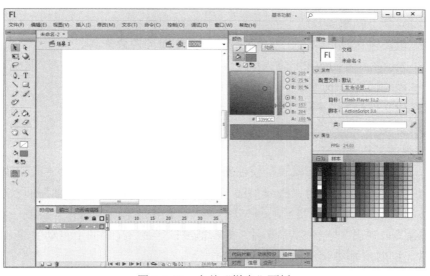

图 5-1-11　合并"样本"面板

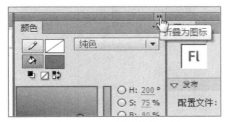

图 5-1-12　折叠浮动面板

图 5-1-13　"网格"对话框

学习小测

1. 知识测试

请完成以下单项选择题

（1）位图图像也称为点阵图像，是由称作（　　）的单个点组成的。

　　A. 像素　　　　　B. 图层　　　　　　C. 图像　　　　　　D. 向量

（2）"帧数"这个概念，简单地说就是在（　　）时间里传输的图片的帧的数量。

　　A. 0.5 秒钟　　　B. 1 秒钟　　　　　C. 1.5 秒钟　　　　　D. 2 秒钟

（3）时间轴是以（　　）为基础的线性进度安排表。

　　A. 帧　　　　　　B. 图层　　　　　　C. 时间　　　　　　D. 长度

（4）"时间轴"面板包括图层控制区和（　　）两个区域。

　　A. 播放控制区　　　　　　　　　　　B. 帧控制区

　　C. 状态控制区　　　　　　　　　　　D. 时间控制区

请完成以下判断题

（1）矢量图像在进行放大、缩小或旋转等操作时图像会失真。　　　　　　（　　）

（2）扩大位图尺寸的效果是增大单个像素，从而使线条和形状显得参差不齐。（　　）

（3）每秒钟帧数（fps）越少，所显示的动作就会越流畅。　　　　　　　　（　　）

（4）新建文件时，文档类型一般默认选择 ActionScript 2.0。　　　　　　（　　）

2. 技术实战

主题：测试影片

要求：启动 Flash CS6，要求从模板新建文件，选择"简单相册"模板，如图 5-1-14 所示。保存文件，保存类型为"Flash CS6 文档（*.fla）"。单击"时间轴"面板状态栏中的"播放"按钮▶，或者选择"控制→播放"菜单命令播放影片。选择"控制→测试影片→测试"菜单命令，弹出"导出 SWF 影片"提示框测试影片，在桌面上自动生成名为"*.swf"的测试文件，同时屏幕中弹出动画播放器。

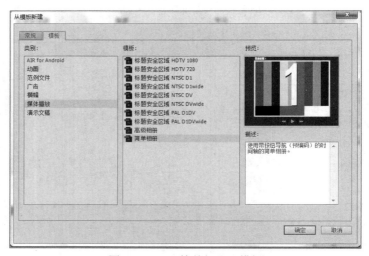

图 5-1-14　"简单相册"模板

任务 2　编辑图形对象及外部素材

任务描述

本任务主要讲解使用 Flash CS6 绘制图形的方法与技巧，涉及的知识点主要有设置颜色的方法、绘图工具的使用、图形的组合与分离、外部素材编辑方法等，在此基础上通过"幼教动画背景素材向日葵的绘制"实训，使读者全面掌握使用 Flash CS6 绘制图形的方法与技巧。本任务通过图形颜色设置的知识引入，要求读者重点掌握 Flash CS6 中绘制工具的使用及绘制图形与外部素材的配合使用。

知识解析

1. 设置颜色

在 Flash CS6 中绘制图形时可以使用多种方式设置笔触线条和填充色块的颜色。

（1）颜色填充工具区。在"工具箱"面板中的颜色填充工具区可以利用 4 个按钮设置颜色。其中，单击"黑白"按钮 可以将笔触颜色设置为黑色、填充颜色设置为白色；单击"交换颜色"按钮 将交换笔触线条和填充色块的颜色（此时，笔触线条和填充色块的颜色并不局限于黑色和白色）； 按钮用于设置笔触线条颜色， 按钮用于设置填充色块颜色。单击笔触线条或填充色块按钮中的颜色方框将弹出取色板，如图 5-2-1 所示。

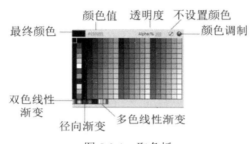

图 5-2-1　取色板

（2）"颜色"面板。单击"浮动"面板上的 按钮将弹出"颜色"面板，利用此面板可以设置无、纯色、线性渐变、径向渐变和位图填充 5 种颜色类型。不同类型的颜色设置方式基本一致，但根据不同类型的特点还是有一些区别。

① 不设置颜色。单击笔触按钮或填充按钮，当选择颜色类型为"无"时，表示不设置笔触线条或填充色块的颜色，如图 5-2-2 所示，笔触线条为蓝色，不设置填充色块颜色。

② 设置纯色。单击笔触按钮或填充按钮，当选择颜色类型为"纯色"时，表示笔触线条或填充色块的颜色设置为单一颜色，如图 5-2-3 所示，有如下 4 种方法。

图 5-2-2　不设置颜色

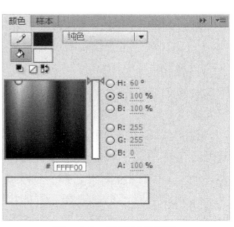

图 5-2-3　设置纯色颜色

- 单击笔触按钮或填充按钮后面的颜色方框可以弹出如图 5-2-1 所示的取色板，直接使用取色器选择取色板中的色块颜色即可完成颜色设置。
- RGB 十六进制：输入 6 个十六进制的字符，通过 RGB 颜色的混合来完成颜色设置。
- RGB 颜色模式：直接在 R、G、B 右侧输入数值来完成（R 代表红色，G 代表绿色，B 代表蓝色），或者单击选择 R、G、B 中的一项，拖动数值调节杆来调整数值。
- HSB 颜色模式：通过设置 H、S、B 的数值来完成颜色设置（H 代表色相，S 代表饱和度，B 代表亮度），方式与 RGB 颜色模式类似。

③设置线性渐变颜色。单击笔触按钮或填充按钮，当选择颜色类型为"线性渐变"时，表示笔触线条或填充色块的颜色设置为线性渐变颜色。系统默认左右两侧各有一个控制节点，通过设置颜色控制节点可以控制颜色及其影响区域，该控制节点图标由三角形和正方形组成，上面的三角形为实心时代表选中状态，可以对其进行颜色设置，方式与纯色颜色设置方式类似，或者双击控制节点，在弹出的如图 5-2-1 所示的取色板中直接使用取色器选择取色板中的色块颜色来完成颜色设置，下面正方形的颜色代表该控制节点的当前颜色，左右拖动控制节点可以调整节点的影响区域，如图 5-2-4 所示。若要设置多线性渐变颜色，则可以将鼠标移动到控制节点区域，当光标变成时，单击鼠标左键即可增加控制节点，从而实现多线性渐变颜色的设置。若要删除控制节点时，则将控制节点直接拖到"颜色"面板外松开鼠标即可。

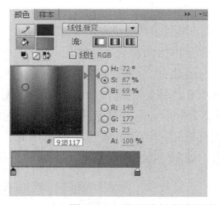

图 5-2-4　设置线性渐变颜色及示例

④设置径向渐变颜色。单击笔触按钮或填充按钮，当选择颜色类型为"径向渐变"时，表示笔触线条或填充色块的颜色设置为径向渐变颜色。线性渐变是沿直线进行颜色渐变的，而径向渐变是从圆心开始沿半径向外渐变的，其设置方式与线性渐变类似，如图 5-2-5 所示。

⑤设置位图填充。单击笔触按钮或填充按钮，当选择颜色类型为"位图填充"时，表示笔触线条或填充色块的颜色设置为位图填充，将鼠标移动到下方的位图缩略图区域光标变为时，单击图片即可选择所要填充的位图，如图 5-2-6 所示。单击"导入"按钮将打开"导入到库"对话框，选择需要的位图文件即可导入新的位图。若选择颜色类型为"位图填充"时 Flash 中还没有导入的图片，则会自动打开"导入到库"对话框，选择需要的位图文件即可导入位图，如图 5-2-7 所示。

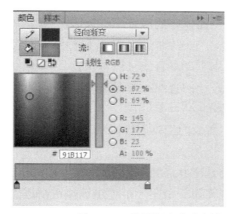

图 5-2-5　设置径向渐变颜色及示例

图 5-2-6　设置位图填充

图 5-2-7　"导入到库"对话框

2．工具组使用

（1）选择工具。在 Flash CS6 中，"工具箱"面板中选择工具按钮 的主要作用包括选择对象、移动对象、改变对象的轮廓等。

（2）线条工具。在 Flash CS6 中，"工具箱"面板中线条工具 的主要作用是绘制各类线条，包括实线、虚线、锯齿线和斑马线等。

绘制线条时，首先选择"工具箱"面板中的线条工具按钮，然后将鼠标移动到舞台上，当光标变为 + 时，按住鼠标左键并拖动至适当位置，松开鼠标左键即可。若在拖动鼠标左键的同时按住 Shift 键，则只能绘制水平、垂直或 45°斜线；若在拖动鼠标左键的同时按住 Alt 键，则只能绘制由起点向两侧延伸的直线；若在拖动鼠标左键的同时按住 Shift 键和 Alt 键，则只能绘制由起点向两侧延伸的 45°斜线。

选择线条工具后，在"工具箱"面板的工具属性区中有两个选项，即对象绘制 ◎ 和贴紧至对象 ◎。

● 对象绘制 ◎：系统默认为非选中状态，即默认合并绘制模式，此时，当绘制的多个图形重叠时会自动将其合并为一个图形；单击该按钮则进入对象绘制模式，当绘制的多个图形重叠时，图形之间不会互相影响，仍然可以对每个图形进行独立的编辑操作。

● 贴紧至对象 ◎：当选中该属性时，一旦绘制的线条等图形靠近其他已经存在的图形或者辅助线时会自动贴紧至其他对象。

（3）铅笔工具。在 Flash CS6 中，"工具箱"面板中铅笔工具 ✐ 的主要作用是绘制各类不规则图形，选择铅笔工具后，在"工具箱"面板的工具属性区中有 2 个选项，即对象绘制 ◎ 和铅笔模式 ⌐。铅笔模式包括 3 种模式：伸直、平滑和墨水。

小贴士   当选择铅笔工具后，在"属性"面板中不能设置填充颜色。

（4）颜料桶工具组。在 Flash CS6 中，"工具箱"面板中颜料桶工具组 ◌ 包括 2 个工具，即颜料桶工具 ◇ 和墨水瓶工具 ◈，二者都是颜色填充工具，前者用于设置填充色块颜色，后者用于设置笔触线条颜色，系统默认为颜料桶工具。

①颜料桶工具。选择颜料桶工具后，在"工具箱"面板的工具属性区中有 2 个选项：空隙大小和锁定填充。选择相应选项并且在"属性"面板中将属性设置完毕后，将鼠标移动到需要填充的图形或封闭区域内，单击鼠标左键即可完成颜色填充。

②墨水瓶工具。选择墨水瓶工具后，在"属性"面板中设置笔触颜色和笔触大小等属性，属性设置完毕后，将鼠标移动到笔触线条上，单击鼠标左键即可完成颜色设置。若图形没有笔触线条，将鼠标移动到该图形上，单击鼠标左键即可为图形添加笔触线条。

（5）滴管工具。在 Flash CS6 中，"工具箱"面板中的滴管工具 ✐ 主要用于吸取已有图形的颜色以设置其他图形的颜色。选择滴管工具后，将鼠标在工作区域内移动，当移动到空白处光标变为 ✐ 时，或者当移动到笔触上光标变为 ✐ 时，或者当移动到填充色块上光标变为 ✐ 时，单击鼠标左键即可吸取颜色，吸取颜色后光标将变为 ✐，此时，可以利用吸取的颜色对其他的对象进行相应的颜色设置。

（6）任意变形工具。在 Flash CS6 中，"工具箱"面板中的任意变形工具 ▦ 主要用于对图形进行变形操作。选择任意变形工具后，在"工具箱"面板的工具属性区中包括 5 个选项：贴紧至对象、旋转与倾斜、缩放、扭曲和封套。

（7）"变形"面板。在 Flash CS6 中，"变形"面板主要用于精确设置图形的缩放、旋转等变形操作。选择图形，然后单击"浮动"面板中的按钮  将弹出"变形"面板，对面板中的各项属性进行设置，设置完毕后，所选图形将产生相应变形效果。

3. 组合与分离图形

当舞台上有多个图形时，若要对其中一部分图形进行编辑加工，而不想影响其他图形时，可以选中这部分图形，选择"修改→组合"命令，此时，这部分图形组合成一个整体，可以对其进行移动、缩放、倾斜等操作，如图 5-2-8 所示。若要对组合对象中的个别图形进行编辑，可以选中组合对象，选择"修改→分离"命令，或者选择菜单"修改→取消组合"命令，或者选择"编辑→编辑所选项目"命令，然后选择要编辑的图形，如图 5-2-9 所示。

图 5-2-8　编辑组合图形　　　　　　　图 5-2-9　编辑多个图形

4. 编辑外部素材

（1）编辑外部图片素材。

①导入图片。在绘制图形的过程中，可以导入符合 Flash CS6 软件要求的外部图片，导入时，选择"文件→导入→导入到库"命令，在打开如图 5-2-10 所示的"导入到库"对话框中根据图片所在位置，选择所要导入的图片，单击"打开"按钮，即可将图片导入到库中。在"库"面板中可以查看导入的图片，如图 5-2-11 所示。

图 5-2-10　"导入到库"对话框　　　　　　图 5-2-11　"库"面板

②编辑导入图片。打开"库"面板，选择要编辑的图片，拖动图片到舞台上，利用"工具箱"面板中的选择工具选中该图片，再利用如图 5-2-12 所示的"属性"面板中的各项属性对图片进行编辑。

图 5-2-12　"属性"面板

（2）编辑外部声音素材。

①导入声音文件。导入声音文件的方式与导入图片的方式基本相同，选择"文件→导入→导入到库"命令，在打开的"导入到库"对话框中根据声音文件所在位置，选择所要导入的声音文件，单击"打开"按钮，即可将声音文件导入到库中，在"库"面板中可以查看导入的声音文件。

②编辑声音文件。将声音文件导入到库中后，打开"库"面板，单击面板下方的属性按钮❶或者双击声音文件名前面的按钮◀，可以打开如图 5-2-13 所示的"声音属性"对话框，通过设置相关属性可以对声音进行编辑。

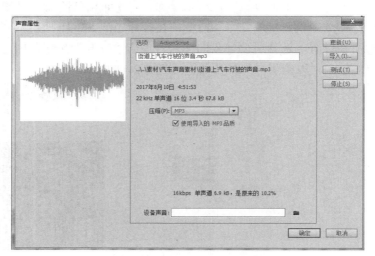

图 5-2-13　"声音属性"对话框

（3）编辑外部视频素材。

①导入视频文件。与导入图片和声音文件类似，选择"文件→导入→导入视频"命令，在打开的"导入视频"对话框中设置相关参数，导入视频文件。

②编辑视频文件。在"库"面板中选中一个视频文件，单击面板下方的属性按钮，可以在打开的"视频属性"对话框中查看该视频的"位置""像素"等属性。在舞台上选中嵌入视频剪辑或链接视频剪辑的实例，在"属性"面板中可以设置其"位置和大小"。

任务实现

实训：幼教动画背景素材向日葵的绘制

幼教动画背景素材
向日葵的绘制

1. 成果预期

本实训在初步认识图形绘制方法的基础上，重点是使学习者更加理解设置径向渐变颜色填充和线条笔触样式的方法，进一步熟悉利用选择工具、任意变形工具等绘制工具对图形对象进行编辑的方法，还将初步学习"变形"面板的使用，并在此基础上绘制完成幼教动画中的背景素材向日葵。

2. 过程实施

（1）新建文档。启动 Flash CS6 软件，选择"文件→新建"命令，新建文档。

（2）绘制花瓣轮廓。

①绘制直线。选择"工具箱"面板中的线条工具，设置笔触颜色为黄色（#FFCC00），其他保留默认参数设置，如图 5-2-14 所示，在舞台上绘制一条直线，如图 5-2-15 所示。

图 5-2-14　直线"属性"面板

②调整直线。选择"工具箱"面板中的选择工具，将鼠标移动到该直线上，当光标变为时，将直线调整为曲线，如图 5-2-16 所示。

图 5-2-15　直线示例　　　　　　　　　　　　图 5-2-16　曲线示例

③绘制花瓣轮廓。选择线条工具，在工具属性区单击"贴紧至对象"按钮，贴紧已绘制的曲线画一条直线，使直线与曲线构成一个封闭的图形。单击选择工具，将鼠标移动到直线上，当光标变为时，将直线调整为曲线，如图 5-2-17 所示。

④调整花瓣轮廓。选择任意变形工具，选中花瓣并对其进行调整，使之更加符合向日葵花瓣的特点，如图 5-2-18 所示。

图 5-2-17　花瓣轮廓

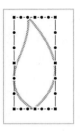

图 5-2-18　调整花瓣轮廓

（3）绘制花冠。

①设置旋转中心。选择任意变形工具，选中花瓣轮廓，利用鼠标拖动旋转中心。至花瓣外部合适位置，如图 5-2-19 所示。

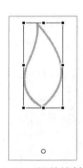

图 5-2-19　调整旋转中心

②设置"变形"面板。单击"浮动"面板上的"变形"按钮，打开"变形"面板，设置旋转角度为 20，如图 5-2-20 所示。重复单击"变形"面板中的按钮至旋转角度为 0 为止，绘制花冠，如图 5-2-21、图 5-2-22 所示。

图 5-2-20　设置"变形"面板

图 5-2-21　旋转"变形"面板

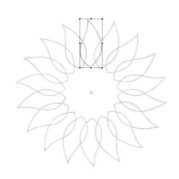

图 5-2-22　花冠效果

（4）填充花瓣颜色。

①设置下层花瓣的"颜色"面板。单击选择工具，选中花瓣，单击"浮动"面板上的"颜色"按钮，打开"颜色"面板，设置填充颜色类型为"径向渐变"，左侧控制节点为黄色（#FF9933），中间控制节点为黄色（#FF9900），右侧控制节点为黄色（#FF0000），如图5-2-23 所示。

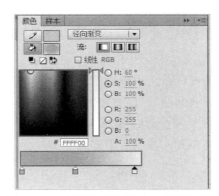

图 5-2-23　设置下层花瓣的"颜色"面板

②填充下层花瓣颜色。选择颜料桶工具，在靠近花瓣底部单击鼠标，即可完成花瓣颜色的填充，如图 5-2-24 所示。

③删除花瓣内部线条。单击选择工具，选中花瓣内部所有的多余线条，单击 Delete 键，删除花瓣内部线条，如图 5-2-25 所示。

图 5-2-24　填充下层花瓣效果

图 5-2-25　删除花瓣内部线条效果

④设置上层花瓣的"颜色"面板。单击选择工具，选中花瓣，单击"浮动"面板上的"颜色"按钮，打开"颜色"面板，设置填充颜色类型为"径向渐变"，左侧控制节点为黄色（#FFCC33），中间控制节点为黄色（#FFCC00），右侧控制节点为黄色（#FFFF00），如图 5-2-26 所示。

⑤填充上层花瓣颜色。选择颜料桶工具，在靠近花瓣底部单击鼠标，即可完成花瓣颜色的填充，如图 5-2-27 所示。

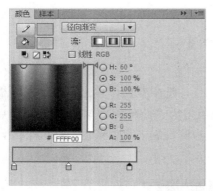

图 5-2-26　设置上层花瓣的"颜色"面板

图 5-2-27　填充上层花瓣效果

（5）填充花心。

①设置花心的"颜色"面板。单击"浮动"面板上的"颜色"按钮，打开"颜色"面板，设置填充颜色类型为"径向渐变"，左侧控制节点为黄色（#FFCC00），右侧控制节点为黄色（#CC6600），调整控制节点位置，如图 5-2-28 所示。

②填充花心。选择颜料桶工具，在花心中心处单击鼠标，即可完成花心颜色的填充，如图 5-2-29 所示。

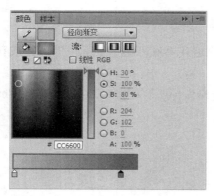

图 5-2-28　设置花心的"颜色"面板

图 5-2-29　填充花心效果

（6）绘制内部线条。

①绘制花瓣内部线条。选择线条工具，在"属性"面板中设置笔触颜色为黄色（#FF9933），在每片上层花瓣内部添加一条直线，单击选择工具，将鼠标移动到直线上，当光标变为 时，将直线调整为曲线，如图 5-2-30 所示。

图 5-2-30　绘制花瓣内部线条效果

②绘制花心内部线条。选择线条工具，在"属性"面板中设置笔触颜色为黄色（#FFCC00），样式为"点刻线"，如图 5-2-31 所示，在花心处添加若干线条，如图 5-2-32 所示。

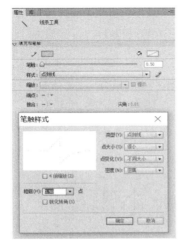

图 5-2-31　设置花心线条"属性"面板　　　　图 5-2-32　绘制花心内部线条效果

（7）绘制花茎。

①设置花茎"属性"面板。选择铅笔工具，在"属性"面板中设置笔触颜色为绿色（#66CC66），如图 5-2-33 所示。

②绘制花茎。移动鼠标到舞台上，拖动鼠标左键绘制花茎，如图 5-2-34 所示。

图 5-2-33　设置花茎"属性"面板　　　　图 5-2-34　绘制花茎效果

（8）绘制叶子。

①绘制叶子轮廓。选择线条工具，在"属性"面板中设置笔触颜色为绿色（#33CC00），其他保留默认参数设置，在舞台上绘制一条直线。

②调整直线。单击选择工具，将鼠标移动到该直线上，当光标变为⤻时，将直线调整为曲线。

③绘制叶子轮廓。选择线条工具，在工具属性区单击"贴紧至对象"按钮，贴紧已绘制的曲线画一条直线，使直线与曲线构成一个封闭的图形。单击选择工具，将鼠标移动到直线上，当光标变为⤻时，将直线调整为曲线。

④调整叶子轮廓。选择任意变形工具，选中叶子轮廓并对其进行调整，使之更加符合叶子的特点，如图 5-2-35 所示。

⑤设置叶子"颜色"面板。单击"浮动"面板上的"颜色"按钮，打开"颜色"面板，设置填充颜色类型为"径向渐变"，左侧控制节点为绿色（#99FF00），右侧控制节点为绿色（#33CC00），调整控制节点位置，如图 5-2-36 所示。

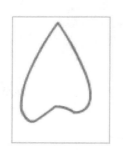

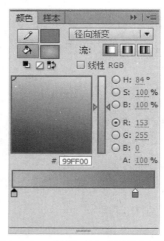

图 5-2-35　绘制叶子轮廓效果　　　　图 5-2-36　设置叶子"颜色"面板

⑥填充叶子颜色。选择颜料桶工具，在叶子下边缘中心处单击鼠标，即可完成叶子颜色的填充。

⑦绘制叶脉。选择铅笔工具，设置"属性"面板，如图 5-2-37 所示，移动鼠标至叶子内部合适位置，绘制叶脉，如图 5-2-38 所示。

（9）绘制一株向日葵。单击选择工具，选中叶子，拖动鼠标至花茎处，利用任意变形工具，对叶子进行旋转、变形、封套等操作，调整叶子位置及形态。用相同的方式绘制其他叶子，如图 5-2-39 所示。

（10）绘制其他向日葵。选择任意变形，选中花冠，对其进行旋转、变形、封套等操作，调整花冠的形态，如图 5-2-40 所示。选择任意变形，选中叶子，对其进行旋转、变形、封套等操作，调整叶子的位置及形态，如图 5-2-41 所示。同理，绘制其他向日葵，如图 5-2-42 所示。

图 5-2-37　设置叶脉"属性"面板　　　　　图 5-2-38　叶子绘制效果

图 5-2-39　绘制第一株向日葵效果　　　　图 5-2-40　调整花冠形态效果

图 5-2-41　绘制第二株向日葵效果　　　　图 5-2-42　绘制第三株向日葵效果

（11）导入背景图片。选择"文件→导入→导入到库"命令，在打开的如图 5-2-43 所示的"导入到库"对话框中根据图片所在位置，选择所要导入的图片，单击"打开"按钮，即可将图片导入到库中。在"库"面板中可以查看导入的图片，如图 5-2-44 所示。

图 5-2-43　"导入到库"对话框

图 5-2-44　"库"面板

（12）放置向日葵。

①编辑背景图片。在"库"面板中选择"向日葵背景 2.jpg"，并拖动到舞台上。利用选择工具选中图片，选择"修改→位图→转换位图为矢量图"命令，在打开的"转换位图为矢量图"对话框中设置相关属性，如图 5-2-45 所示，此时，原图片将转换为矢量图，如图 5-2-46 所示。

②放置第一株向日葵。利用选择工具选中第一株向日葵，移动鼠标左键至合适位置，添加的向日葵会覆盖背景图片中部分图形，影响效果，如图 5-2-47 所示。此时，利用滴管工具吸取被覆盖部分的颜色，并选择铅笔工具或刷子工具，覆盖向日葵中多余的部分，调整图片效果，如图 5-2-48 所示。

图 5-2-45 "转换位图为矢量图"对话框

图 5-2-46 背景图形

图 5-2-47 添加向日葵效果

图 5-2-48 调整图片效果

③放置其他向日葵。利用相同的方式，为背景图片添加其他向日葵，如图 5-2-49、图 5-2-50 所示。

图 5-2-49 添加第二株向日葵效果

图 5-2-50 添加其他向日葵效果

（13）调整图形效果。观察图形，添加适当的花瓣，调整幼教动画背景素材向日葵图形的整体效果，如图 5-2-51 所示。

图 5-2-51　调整图形

（14）保存并测试影片文件。保存文件，选择"控制→测试影片→测试"菜单命令，打开"导出 SWF 影片"提示框，在文件存放位置会自动生成可直接播放的测试文件，同时屏幕中弹出动画播放器。

学习小测

1. 知识测试

请完成以下单项选择题

（1）选择工具具有（　　）功能。

    A．选择对象　　　　　　　　　　　　B．移动对象

    C．修改对象形状　　　　　　　　　　D．同时具有上述三项功能

（2）颜色#000000 表示（　　）。

    A．黑色　　　　　B．白色　　　　　C．红色　　　　　D．无色

（3）在下列各项中，（　　）是 Flash CS6 使用的颜色类型。

    A．RGB　　　　　B．灰度　　　　　C．CMYK　　　　　D．Lab

（4）当选定了两个或多个不同类型的对象时，"属性"面板会显示（　　）。

    A．第一个对象　　　　　　　　　　　B．选定对象的总数

    C．最后一个对象　　　　　　　　　　D．显示错误

（5）选择菜单"（　　）→导入→导入到库"命令，可以导入外部声音文件。

    A．编辑　　　　　B．插入　　　　　C．窗口　　　　　D．文件

请完成以下判断题

（1）将笔触颜色应用于形状时，将会用这种颜色对其轮廓进行涂色，将填充颜色应用于形状时，将会用这种颜色对其内部进行涂色。　　　　　　　　　　　　　　（　　）

（2）颜料桶工具可以为任何区域填充颜色。   （　　）

（3）利用颜料桶工具可以对导入的位图图形进行颜色填充。   （　　）

2. 技术实战

主题：绘制古诗《竹石》背景图

要求：以清代画家郑燮创作的一首七言绝句《竹石》为题，使用 Flash CS6 中的绘制工具，绘制竹子图形，导入诗句图片，调整图片中诗句与所绘竹子的位置、大小等内容，完成诗画作品，效果如图 5-2-52 所示。（思考：绘制图形时，如何实现形态各异的竹叶。）

图 5-2-52　诗画作品效果

任务 3　典型动画分类及设计制作

任务描述

本任务主要讲解典型动画的分类及设计的方法与技巧，涉及的知识点主要有按钮的认识、分类、制作要点等，在此基础上通过"时钟""手机产品广告动画""皮影戏"实训，使读者全面掌握使用 Flash 设计制作典型动画的方法与技巧。本任务通过动画类型的知识引入，要求读者重点掌握各类型动画的实现原理及制作技巧。

知识解析

1. 动画类型

Flash 动画可以分为基本动画、高级动画和交互动画。具体包括以下类型。

（1）逐帧动画。逐帧动画是一种常见的动画形式，它在连续的关键帧中分解动画动作。

（2）渐变动画。除了逐帧动画之外，任何的一种动画，都需要至少有两个关键帧才能实现动画。渐变动画是 Flash 动画设计的核心，也是 Flash 动画的最大优点。

渐变动画分为运动渐变和形状渐变。运动渐变是位置发生改变的动画，又称为位移动画。形状渐变指的就是形状、外观发生改变的动画。

（3）引导动画。引导动画就是让动画按照规定好的路径运动，是从基础的运动渐变动画中演变而来的。

（4）遮罩动画。遮罩动画也是由基础的位移动画演变而来的。遮罩动画可以方便快捷地制作出层次感丰富的动画效果。该动画的特点在于，将动画实体变成视觉区域，让人在观察动画的时候自主地把视觉集中在动画实体的范围之内。就像平时我们观察远处的景物，可视范围是比较大的。然而，当我们使用望远镜观察远景时，我们的视觉范围变小了，仅局限于望远镜的可视范围之内。

（5）骨骼动画。骨骼动画可以很便捷地把符号连接起来，形成父子关系，来实现我们所说的反向运动。整个骨骼结构也可称之为骨架，可以把骨架应用于一系列影片剪辑符号上。

（6）按钮动画。按钮动画可以实现交互场景，通过按钮来控制动画的播放与停止，也可以实现页面的跳转。

2. 动画原理

（1）逐帧动画原理。逐帧动画原理是在"连续的关键帧"中分解动画动作，也就是在时间轴上逐帧绘制不同的内容。它的特点是每一帧都是关键帧、每一帧都由制作者创建，而不是由 Flash 通过计算机得到，然后连续依次播放这些画面，即可生成动画效果。如图5-3-1 所示，是一组逐帧动画分解图，说明了该类动画的基本原理。

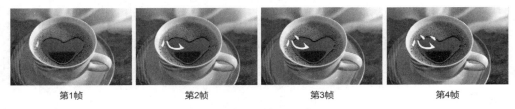

第1帧　　　　　　第2帧　　　　　　第3帧　　　　　　第4帧

图 5-3-1　逐帧动画原理

（2）渐变动画原理。渐变动画是通过 Flash 的补间动画来实现的。Flash 可以产生传统补间、形状补间、动画补间，如图 5-3-2 所示。这三类补间的应用场合和表现形式都不相同。

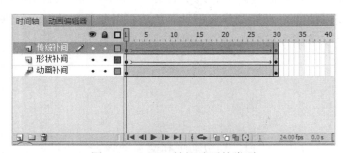

图 5-3-2　Flash 补间动画的类型

①传统补间动画：应用于把对象由一个位置移动到另一个位置的情况，也可以应用于形成对象的缩放、倾斜或者旋转的动画，还可以应用于形成元件的颜色和透明度变化的动画。

②形状补间动画：应用于基本形状的变化，它是某一个对象在一定时间内其形状发生过渡型渐变的动画。在创建形状补间动画时，参与动画制作的对象必须为分散的图形对象，

而不是"图形""按钮"和"影片剪辑"等元件。

③动画补间：动画补间不仅可以大大简化 Flash 动画的制作过程，而且还提供了更大程度的控制。动画补间是一种基于对象的动画，不再是作用于关键帧，而是作用于动画元件本身，从而使 Flash 的动画制作更加专业。

（3）引导动画原理。引导动画的特点是运动对象的运动路径可以由用户自己设置。运动路径绘制在运动引导层上，通过此图层中的运动路径，可以引导对象沿着绘制的路径运动。在动画的播放过程中运动引导层并不显示出来，即用户绘制的路径在动画播放过程中是隐藏的。

在"时间轴"面板中，运动引导层下可以有多个图层，也就是多个对象可以沿着同一条路径同时运动，此时运动引导层下方的各图层也就成为被引导层。在 Flash 中，创建引导层有以下两种方法。

①使用"添加传统运动引导层"命令创建运动引导层。

● 选择需要创建运动引导层动画的对象所在的图层。

● 右击，从弹出的菜单中选择"添加传统运动引导层"命令，即可在所选图层的上面创建一个运动引导层，如图 5-3-3 所示。

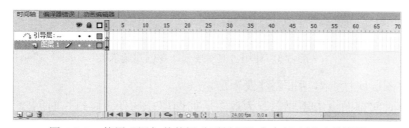

图 5-3-3　使用"添加传统运动引导层"命令创建运动引导层

②使用"图层属性"对话框创建运动引导层。

● 选择需要设置为引导层的图层，然后选择"修改→时间轴→图层属性"命令。

● 在"图层属性"对话框中选择"类型"选项组中的"引导层"单选按钮，如图 5-3-4 所示。然后单击"确定"按钮。此时，当前图层即被设置为运动引导层。

图 5-3-4　选择"引导层"单选按钮

（4）遮罩动画原理。遮罩动画，顾名思义，是选择性地隐藏对象。遮罩层用来选择后面对象的可视区域，它可以是一个矩形区域、一个圆，也可以是字体，甚至是随意画的一个区域，任何一个不规则形状的范围都可用做遮罩。

与运动引导层动画相同，在 Flash 中遮罩动画的创建也至少需要两个图层才能完成，分别是遮罩层和被遮罩层。其中，位于上方用于设置遮罩范围的图层称为遮罩层，位于下方的图层是被遮罩层。在制作遮罩动画时，需要注意，一个遮罩层下可以包括多个被遮罩层。遮罩层中的任何填充区域都是完全透明的，任何非填充区域都是不透明的，因此，遮罩层中的对象将作为镂空的对象存在。在 Flash 中，创建遮罩层的方法有两种。

①使用"遮罩层"命令创建遮罩层。

● 在时间轴选择需要设置为遮罩层的图层。

● 右击，从弹出的菜单中选择"遮罩层"命令，即可将当前图层设置为遮罩层，并且其下一图层会被相应地设置为被遮罩层，如图 5-3-5 所示。

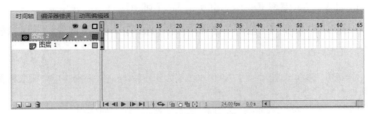

图 5-3-5 使用"遮罩层"命令创建遮罩层

②使用"图层属性"对话框创建遮罩层。

● 选择时间轴面板中需要设置为遮罩层的图层，选择"修改—时间轴—图层属性"命令，弹出"图层属性"对话框。也可在该图层右击鼠标，在弹出菜单中选择"属性"命令。

● 在"图层属性"对话框中选择类型选项组中的"遮罩层"单选按钮，然后单击"确定"按钮，即可将当前图层转化为遮罩层。

● 使用同样方法，在时间轴上选择需要设置为被遮罩层的图层，右击鼠标，从弹出菜单中选择"属性"命令，在"图层属性"对话框中选择"类型"选项组中的"被遮罩"单选按钮，如图 5-3-6 所示，即可将当前图层设置为被遮罩层。

图 5-3-6 选择"被遮罩"单选按钮

（5）骨骼动画原理。骨骼动画与帧动画的区别在于帧动画的每一帧都是角色特定姿势的一个快照，帧数的多少决定动画的流畅性和平滑效果。骨骼动画则是用一根根"骨头"把角色的各部分身体部件图片绑定到一起，通过控制这些骨骼的位置、旋转方向和放大缩小而生成的动画。

基于元件的骨骼动画中，元件对象可以是影片剪辑、图形和按钮中的任意一种。如果是文本，则需要将文本转换为元件。当创建基于元件的骨骼时，可以使用工具箱中的骨骼工具将多个元件进行骨骼绑定，骨骼绑定后，移动其中一个骨骼会带动相邻的骨骼进行运动。

基于图形形状的骨骼动画对象可以是一个图形形状，也可以是多个图形形状，在向单个形状或一组形状添加第一个骨骼之前必须选择所有形状。将骨骼添加到所选择的内容后，Flash 会将所有的形状和骨骼转换为骨骼形状对象，并将该对象移动到新的骨架图层，在某个形状转换为骨骼形状后，它将无法再与其他形状进行合并操作。

（6）按钮动画原理。Flash 中鼠标事件包括以下几种。

- press（按）：当鼠标指针移到按钮上，点击鼠标左键时触发事件。
- release（释放）：当鼠标指针移到按钮上，点击后松开鼠标左键时触发事件。
- releaseOutside（外部释放）：当鼠标指针移到按钮上，点击鼠标左键，不松开鼠标左键，将鼠标指针移出按钮范围，再松开鼠标左键时触发事件。
- rollOver（滑过）：当鼠标指针由按钮外部移到按钮内部时触发事件。
- rollOut（滑离）：当鼠标指针由按钮内部移到按钮外部时触发事件。
- dragOver（拖过）：当鼠标指针移到按钮上，点击鼠标左键，不松开鼠标左键，将鼠标指针拖出按钮范围，再拖回按钮之上时触发事件。
- dragOut（拖离）：当鼠标指针移到按钮上，点击鼠标左键，不松开鼠标左键，将鼠标指针拖出按钮范围时触发事件。
- keyPress "<按键名称>"（按键）：当键盘的指定按键被按下时，触发事件。

创建按钮的步骤如下。

①选择"插入→新建元件"命令，输入按钮名称，类型选择"按钮"，单击"确定"按钮，进入按钮编辑区域。如图 5-3-7 所示。也可将已有的图形元件转换为按钮元件，选择要转换的图形，再选择"修改→转换为元件"命令，打开对话框，如图 5-3-8 所示。

图 5-3-7　创建新元件

图 5-3-8　转换为元件

②进入按钮元件编辑区后，用户可以看到在按钮的时间轴上的 4 个选项，分别为"弹起""指针经过""按下""点击"，如图 5-3-9 所示。

图 5-3-9　时间轴

● 弹起：该状态是按钮的一般状态，此时鼠标并不在按钮上。

● 指针经过：鼠标移动到按钮上方时的状态。

● 按下：鼠标按下按钮时的状态。

● 点击：鼠标左键单击时的状态。它的作用是确定按钮的反应区。如果用户定义了反应区，在动画中光标是否在按钮上是由反应区的形状来决定的。如果没有定义反应区，那么由"点击"中按钮的形状来决定。

任务实现

实训 1：时钟

1. 成果预期

通过对渐变动画方法的掌握，使用 Flash 制作完成一个随指针转动显示传统文化和社会主义核心价值观的动画效果的时钟。本实训在对渐变动画知识的基础上，重点是使学习者使用 Flash 制作传统补间动画的旋转效果和文字渐变效果，综合运用各种动画制作知识点，从而完成自己设计制作 Flash 动画的体验过程。

2. 过程实施

（1）新建文档，导入素材。新建文档命名为"时钟"，舞台背景色设置为灰色（#CCCCCC），其他参数为默认值。选择"文件→导入→导入到库"命令，将时钟框和指针导入到库中。

（2）制作钟表元件。

①制作分针元件。选择"插入→新建元件"命令，在打开的对话框中将名称命名为"分"，类型选择为"图形"，然后将"指针"拖到编辑区域，选择"修改→分离"命令，将指针分离，删除时针和秒针，调整分针位置。如图 5-3-10 所示。

②运用同样方法制作时针和秒针元件。如图 5-3-11、图 5-3-12 所示。

③选择"插入→新建元件"命令，在打开的对话框中将名称命名为"钟表"，类型选择为"影片剪辑"，然后将"框"拖到编辑区域，选择对齐命令，点击"水平中齐"和"垂直中齐"，双击图层 1，重命名为"表盘"。

图 5-3-10 分针元件

图 5-3-11 时针元件

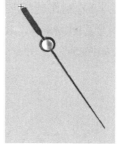

图 5-3-12 秒针元件

④新建图层，命名为"时"，将图形"时"拖到编辑区域，选择对齐命令，调整时针位置为水平和垂直居中。

⑤分别制作"分""秒"图层，方法同步骤④，如图 5-3-13 所示。

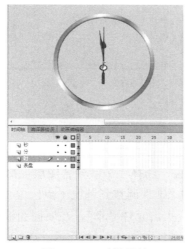

图 5-3-13 时钟元件

⑥选择"秒"图层，在第 10 帧处插入关键帧，选择"修改→变形→缩放与旋转"命令，在旋转框中输入 30，在第 1 帧～第 10 帧之间右击，选择"创建传统补间"命令。分别在第 20 帧～第 240 帧之间，每 10 帧插入关键帧，并调整秒针旋转角度，每 10 帧旋转 30 度。如图 5-3-14 所示。

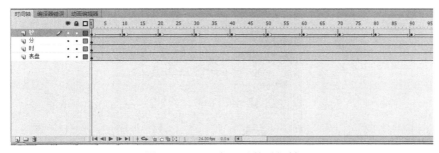

图 5-3-14 "表"元件时间轴

（3）制作传统文化动画。

①返回场景 1，将钟表元件拖到场景中，双击图层 1，重命名为"钟表"，并锁住该图层，如图 5-3-15 所示。

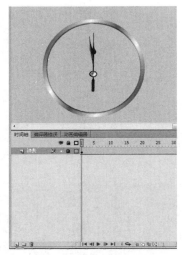

图 5-3-15　"钟表"图层

②在工具箱中选择文本工具，属性大小设置为 32 点，颜色设置为深红色（#660000），在场景中输入"孝""悌""忠""信""礼""义""廉""耻""仁""智""勤""俭"，并分别选择文字，右击，选择"修改→转换为元件"命令，以文字为名称，转换为图形元件。

③选择所有文字元件，右击，选择"分散到各图层"命令。

④选择图层"孝"，将元件"孝"调整到钟表 1 点位置处，在第 5 帧插入关键帧，在第 15 帧插入关键帧，在第 15 帧处点击元件"孝"，在属性面板色彩效果中的样式选项中选择 Alpha，并将 Alpha 的值设置为 0。如图 5-3-16 所示。在第 5 帧～第 15 帧之间右击，选择"创建传统补间"命令。

图 5-3-16　设置元件属性

⑤在图层"悌"中将元件"悌"整到钟表 2 点位置处,在第 15 帧插入关键帧,在第 25 帧插入关键帧,在第 25 帧处点击元件"悌",在属性面板色彩效果中的样式选项中选择 Alpha,并将 Alpha 的值设置为 0。在第 15 帧～第 25 帧之间右击,选择"创建传统补间"命令。以此类推,分别调整各元件位置并创建传统补间,效果如图 5-3-17 所示。

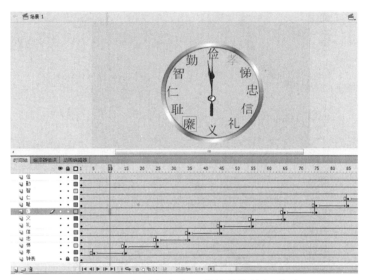

图 5-3-17　创建各文字元件的传统补间动画

⑥点击时间轴左下角的"新建文件夹"图标,新建文件夹并命名为"传统文化",选择各文字图层,拖到文件夹中,如图 5-3-18 所示。

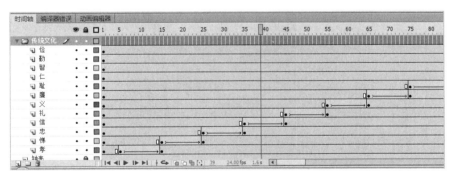

图 5-3-18　创建文件夹后的时间轴

(4)制作社会主义核心价值观动画。

①新建图层命名为"爱国",在该层第 125 帧处插入空白关键帧,选择工具箱中的文本工具,属性大小设置为 26 点,颜色设置为深红色(#660000),在场景中输入"爱国",右击,选择"修改→转换为元件"命令,以文字为名称,转换为图形元件。

②将"爱国"元件移动到时钟 1 点的位置。如图 5-3-19 所示。在第 135 帧处插入关键帧,将第 125 帧的元件属性 Alpha 值设置为零,如图 5-3-20 所示。在第 125 帧～第 135 帧之间右击,选择"创建传统补间"命令。

图 5-3-19　"爱国"元件位置　　　　图 5-3-20　第 125 帧处"爱国"元件属性设置

③制作"富强""民主""文明""和谐""自由""平等""公正""法治""爱国""敬业""诚信""友善"图层，分别在第 135 帧、第 145 帧、第 155 帧，直到第 215 帧处创建与图层名相同的文字并转换为元件，方法同步骤①，并分别依次将文字元件移动到 2 点～12 点处。如图 5-3-21 所示。

图 5-3-21　社会主义核心价值观各元件位置

④制作各图层的传统补间动画，方法同步骤②，如图 5-3-22 所示。

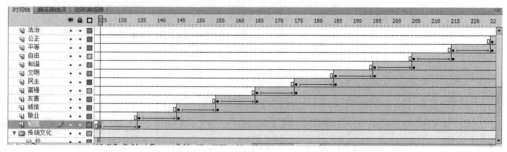

图 5-3-22　社会主义核心价值观各图层时间轴显示

⑤点击时间轴左下角的"新建文件夹"图标，新建文件夹并命名为"社会主义核心价值观"，选择各文字图层，拖到文件夹中，如图 5-3-23 所示。

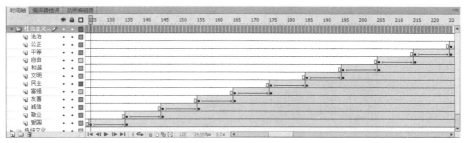

图 5-3-23　社会主义核心价值观文件夹

⑥分别在各个图层中的第 245 帧处插入帧。

（5）效果预览。选择"控制→测试影片→测试"命令，打开"导出 SWF 影片"提示框，在桌面上自动生成名为"时钟.swf"的可直接播放的测试文件，同时屏幕中弹出动画播放器，如图 5-3-24 所示。

图 5-3-24　效果预览

实训 2：手机产品广告动画

手机产品广告动画

1. 成果预期

通过对引导动画方法的掌握，以手机产品广告的 Flash 动画为例，使用 Flash 制作完成一个 banner 广告。本实训在对渐变动画知识的基础上，重点是使学习者熟练掌握引导动画的应用，综合运用图形工具、传统补间动画和文字渐变效果等动画制作技能，从而完成自己设计制作 Flash 动画的体验过程。

2. 过程实施

（1）新建文档。新建动画文件，命名为"手机产品广告"，在工作界面右侧属性栏中将文档尺寸设置为 234×60 像素，舞台背景色设置为灰色（#999999），如图 5-3-25 所示。

（2）导入素材。选择"文件→导入→导入到库"命令，将制作素材导入到库中，并将素材图片分别制作成图形元件，如图 5-3-26 所示。

图 5-3-25　设置文档参数

图 5-3-26　导入素材

（3）设置背景。将"背景"元件拖到舞台中，选择工具箱中任意变形工具，根据舞台大小调整"背景"元件大小，使其覆盖舞台。将图层 1 重命名为"背景"，在第 130 处插入帧，点击时间轴上方的锁定图层按钮，将"背景"图层锁定。

（4）插入 logo。新建图层，重命名为"logo"，将"logo"元件拖到舞台，调整位置，如图 5-3-27 所示。在第 130 帧处插入帧，并锁定图层。

图 5-3-27　插入 logo

（5）制作手机显示动画。

①新建图层，重命名为"手机"，在第 1 帧处将"手机"元件拖到舞台中。

②在时间轴左侧的"手机"图层上右击，选择"添加传统运动引导层"命令，添加引导层。在引导层上绘制元件运动路径，如图 5-3-28 所示。在第 130 帧处插入帧。

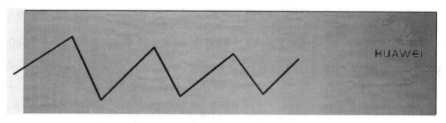
图 5-3-28　"手机"元件运动路径

③单击工具箱中的按钮，使其被按下，启动捕捉功能。选择"手机"图层第 1 帧，将"手机"元件的中心位置与运动轨迹的左端点重合，在"手机"图层的第 50 帧处插入关键帧，将"手机"元件的中心位置与运动轨迹的右端点重合。

④在"手机"图层的第 1 帧～第 50 帧之间创建传统补间。

（6）制作文字动画效果。

①选择"插入→新建元件"命令，在弹出的对话框中设置名称为"文字"，类型选择为"图形"，进入到元件编辑区。选择工具箱中的文本工作，设置字体为微软雅黑，大小为20点，颜色为黑色（#000000），字母间距为9，如图5-3-29所示。输入文字"预见未来"。

②设置文字属性中的大小为6点，字母间距为0，再次输入文字"搭载人工智能芯片　卓越性能　强劲续航"，如图5-3-30所示。

图 5-3-29　文字属性设计

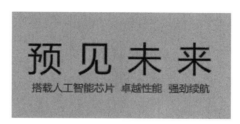

图 5-3-30　文字显示效果

③返回场景1中，新建图层重命名为"文字"。在该层第50帧处插入关键帧，将"文字"元件拖到舞台中，在元件的属性面板中，样式选择"Alpha"，值设置为0。在第90帧处插入关键帧，设置Alpha的值为100%。

④在第50帧～第90帧处右击创建传统补间。如图5-3-31所示。

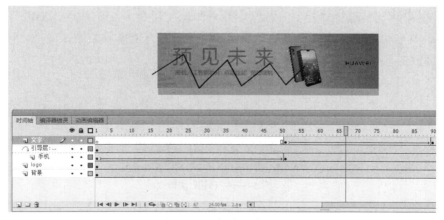

图 5-3-31　创建文字动画

（7）制作光芒。

①选择"插入→新建元件"命令，在弹出的对话框中设置名称为"光芒"，类型选择为"图形"，进入到元件编辑区。选择工具箱中的椭圆工具，绘制如图5-3-32所示的光芒。

图 5-3-32　绘制光芒

②新建图层，重命名为"光芒"，在第 90 帧处将"光芒"元件拖到舞台中。

在时间轴左侧的"光芒"图层上右击，选择"添加传统运动引导层"命令，添加引导层。在引导层上沿手机外边缘绘制元件运动路径，如图 5-3-33 所示。在第 130 帧处插入帧。

图 5-3-33　"光芒"元件运动路径

③单击工具箱中的按钮，使其被按下，启动捕捉功能。选择"光芒"图层第 90 帧，将"光芒"元件的中心位置与运动轨迹的起始重合，在"光芒"图层的第 120 帧处插入关键帧，将"光芒"元件的中心位置与运动轨迹的终点重合。

④在"光芒"图层的第 90 帧～第 120 帧之间创建传统补间。

⑤在"光芒"图层的第 122 帧、第 124 帧、第 126 帧、第 128 帧、第 130 帧处插入关键帧，并调整"光芒"元件大小，实现闪烁效果。

（8）效果预览。选择"控制→测试影片→测试"命令，打开"导出 SWF 影片"提示框，在桌面上自动生成名为"手机产品广告.swf"的可直接播放的测试文件，同时屏幕中弹出动画播放器，如图 5-3-34 所示。

皮影戏

图 5-3-34　效果预览

实训 3：皮影戏

1．成果预期

通过实训进一步熟悉骨骼动画的制作方法，在此基础上设计完成一个老人和小狗行走的皮影戏动画，其中重点通过实战熟练掌握骨骼动画的应用，将元件组合等动画制作技能，从而自己设计制作 Flash 动画，体验制作过程。

2. 过程实施

（1）新建文档，导入素材。新建文件命名为"皮影戏"，文档尺寸设置为 750×400 像素，舞台背景色设置为白色（#FFFFFF）。将"背景.png"和"皮影戏.ai"导入到舞台。

（2）制作"老人"。选择老人的各肢体部分，将角色的关节简化为 10 段 6 个点，按连接点切割好人物的各部分，再将每部分转换为影片剪辑，将各部分的影片剪辑放置好，然后选中所有元件，选择"修改→转换为元件"命令，在打开的对话框中设置名称为"老人"，类型选择为"影片剪辑"，转换为影片剪辑"老人"，如图 5-3-35 所示。

（3）创建"老人"骨骼。双击影片剪辑"老人"进入影片剪辑编辑区，选择工具箱中的骨骼工具，然后在左手上创建好骨骼，如图 5-3-36 所示。

图 5-3-35　组合成"老人"

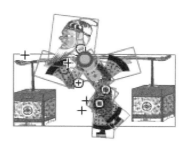

图 5-3-36　创建骨骼

（4）制作老人其他部位骨骼。运用相同的方法创建出头部、身体、右手、左脚与右脚的骨骼，在第 35 帧插入帧，用来完成老人的行走动画。然后调整好第 10 帧、第 18 帧和第 27 帧上的动作，使人物在原地行走，再创建担子在行走时起伏运动的传统补间动画，时间轴如图 5-3-37 所示。

图 5-3-37　时间轴显示

（5）创建"老人"动画。返回场景 1，在图层"背景"上删除影片剪辑"老人"，新建图层"老人"，将"老人"元件拖至舞台左侧，分别在图层"背景"和"老人"的第 375 帧处插入帧，然后在"老人"图层创建补间动画，在第 375 帧中移动"老人"元件到舞台的右侧。

（6）创建"小狗"骨骼。新建图层"小狗"，将"小狗"元件移动到此舞台上，使用骨骼工具为小狗添加骨骼，小狗的右前脚和右后脚不能直接关联对象，可以将右脚拉出来关联骨骼，再按住 Ctrl 键同时使用选择工具将其放回原位，如图 5-3-38 所示。

（7）添加"小狗"姿势。在第 14 帧插入帧，并调整小狗跳跃的各种姿势，如图 5-3-39 所示。

图 5-3-38　创建小狗骨骼

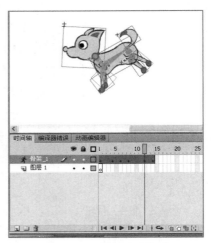

图 5-3-39　添加小狗姿势

（8）效果预览。选择"控制→测试影片→测试"命令，打开"导出 SWF 影片"提示框，在桌面上自动生成名为"皮影戏.swf"的可直接播放的测试文件，同时屏幕中弹出动画播放器，如图 5-3-40 所示。

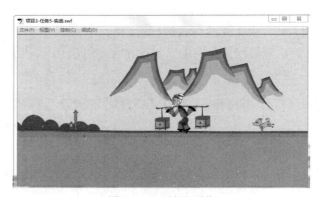

图 5-3-40　效果预览

学习小测

1．知识测试

请完成以下单项选择题

（1）（　　）的制作只需给出动画序列中的起始帧和终结帧，中间的过渡帧可通过 Flash 自动生成。

A．逐帧动画　　　B．按钮动画　　　C．渐变动画　　　D．遮罩动画

（2）以下关于逐帧动画和补间动画的说法正确的是（　　）。

    A．两种动画模式都必须记录完整的各帧信息

    B．前者必须记录各帧的完整记录，而后者不用

    C．前者不必记录各帧的完整记录，而后者必须记录完整的各帧记录

    D．以上说法均不对

（3）两个关键帧中的图像都是形状，则这两个关键帧之间可以创建（　　）。

    A．形状补间动画　　　　　　　　　　B．位置补间动画

    C．颜色补间动画　　　　　　　　　　D．以上都包括

（4）下面关于遮罩动画说法不正确的是（　　）。

    A．遮罩动画也是由基础的位移动画演变而来的

    B．遮罩动画也是一种逐帧动画

    C．遮罩动画好像是在用望远镜观察景物

    D．遮罩动画可以方便快捷地制作出层次感丰富的动画效果

（5）如果创建聚光灯或切换动画效果时，应使用（　　）动画。

    A．普通层和遮罩层　　　　　　　　　B．遮罩层和被遮罩层

    C．引导层和遮罩层　　　　　　　　　D．遮罩层

请完成以下判断题

（1）在遮罩动画中，遮罩层中的动画对象只显示其图形轮廓。　　　　　　（　　）

（2）可以在时间轴中排列关键帧以便编辑动画中的顺序。　　　　　　　　（　　）

（3）影片剪辑拥有自己的时间轴、舞台和层。　　　　　　　　　　　　　（　　）

2．技术实战

主题：制作旋转的地球

    要求：通过对遮罩动画方法的掌握，以旋转的地球动画为例，使用 Flash 制作完成一个遮罩动画，实现地球不停地自西向东自转的效果。效果如图 5-3-41 所示。

图 5-3-41　效果预览

项目6 页面布局的优化与处理

项目描述

　　CSS 技术使得网页的内容与表现实现分离，极大地改善了网页的开发和维护效率。通过本项目的学习，重点掌握 CSS 样式文件的导入、选择器的使用以及常用样式属性的使用，掌握网页效果的分析，进而转化使用 DIV 和 CSS 进行实现。CSS 技术仍然在不断地更新，本项目所涉及的是基础的 CSS 2.1 知识，在最新的 CSS 3 中，有更多更加高级的样式效果，比如更多的文本、字体效果，能够实现 2D、3D 的转换，能够实现过渡和动画的效果，结合 HTML 5 技术，CSS3 在移动 Web 开发方面也应用广泛。

学习目标

- 了解 CSS 技术的优势
- 掌握 CSS 语法格式
- 掌握 CSS 常用样式属性，能够使用 W3S 样式手册查询属性
- 掌握盒子模型、浮动和定位
- 掌握 CSS+DIV 的布局方式

知识导图

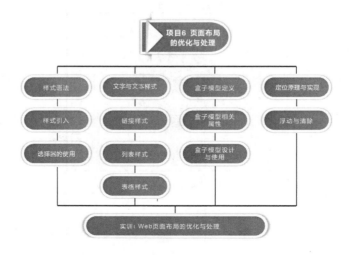

任务 1　样式文件的定义和使用

任务描述

本任务主要讲解 CSS 样式文件的作用和在网页布局中的使用方法，涉及的知识点主要有 CSS 样式的概念、CSS 样式语法、样式文件的引入、基础选择器等，在此基础上通过"在网页中添加 CSS 样式"实训，使读者全面掌握 CSS 样式文件的创建和与 HTML 代码的结合。本任务通过 CSS 基础使用知识的引入，要求读者重点掌握 CSS 样式引入与基本语法。

知识解析

1. CSS 样式概述

CSS 全称为 Cascading Style Sheets，中文翻译为"层叠样式表"，简称 CSS 样式表。在网页制作时采用 CSS 技术，可以有效地对页面的布局、字体、颜色、背景和其他效果实现更加精确的控制。只要对相应的代码做一些简单的修改，就可以改变同一页面的不同部分，或者不同网页的外观和格式。

CSS 与 HTML 结合实现对网页的布局、颜色、背景、宽度、高度、字体等控制，让网页按美工设计布局得更加美观漂亮。

小贴士　　CSS 不是一种语言。

CSS 是由一定意义和作用的英文单词、数值组成，而使用单词有固定的属性和用法。如下 CSS 代码所示。

```
/* CSS Document */
table{border-collapse:collapse;border-spacing:0;}
fieldset,img {border:0;}
address,caption, cite,code,dfn,em,strong,th,var{font-style:normal;font-weight:normal;}
ol,ul {list-style:none;}
capation,th{text-align:left;}
h1,h2,h3,h4,h5,h6{font-size:100%;font-weight:normal;}
```

CSS 基本语法格式为：选择器{属性:属性值}，如 p {text-indent: 5em;} 定义段落的文本首行缩进 5em。选择器可同时定义多个属性，多个属性对用分号隔开，如 p {background-color: gray; padding: 20px;} 定义段落的文本背景颜色为灰色，内边距为 20px。

2. 样式文件的引入

使用 CSS 技术的 HTML 网页就像多了一件件装饰品，CSS 技术必须与 HTML 结合使用。CSS 与 HTML 代码结合的方式有多种，最终到达的效果相同，但是使用不同方法引入的 CSS 文件将影响到 SEO（由英文 Search Engine Optimization 缩写而来，中文意译为"搜索引擎优化")及网页打开速度效率。

HTML 引用 CSS 方法如下。

（1）直接在 HTML 标签中使用 CSS 样式制作 DIV+CSS 网页，又称行内式或内联式。

这种方式需要在相关的标签内使用一个样式属性 Style。Style 属性可以包含任何 CSS 属性。如下 CSS 代码展示如何改变段落的颜色和左外边距。

```
<p style="color: red; margin-left: 20px">
这是一个段落
</p>
```

（2）HTML 中使用 style 自带式，又称内部样式。

当单个 HTML 文档需要特殊的样式时，可以使用内部样式表方式。可以使用 <style> 标签在文档头部定义内部样式表，参看如下代码。

```
<head>
<style type="text/css">
    hr {color: green;}
    p {margin-left: 20px;}
    body {background-image: url("images/back.gif");}
</style>
</head>
```

（3）外部样式之导入式，使用@import 引用外部 CSS 文件。

导入外部样式表是指在内部样式表的 <style> 里导入一个外部样式表，导入时用@import，参看如下代码。

```
<head>
……
<style type="text/css">
<!--
@import "mystyle.css"
其他样式表的声明
-->
</style>
……
</head>
```

例中@import "mystyle.css"表示导入 mystyle.css 样式表，注意使用外部样式表的路径。实质上它是相当于存在内部样式表中的。

（4）外部样式之链入式，使用 link 引用外部 CSS 文件，推荐此方法。

当样式需要应用于很多页面时，外部样式表将是理想的选择。在使用外部样式表的情况下，可以通过改变一个文件来改变整个站点的外观。每个页面使用 <link> 标签链接到样式表。<link> 标签在文档的头部。

```
<head>
<link rel="stylesheet" type="text/css" href="mystyle.css" />
</head>
```

浏览器会从文件 mystyle.css 中读到样式声明，并根据它来格式文档。

外部样式表可以在任何文本编辑器中进行编辑。文件不能包含任何的 html 标签。样式表应该以 .css 扩展名进行保存。下面是一个样式表文件的例子。

> hr {color: sienna;}
>
> p {margin-left: 20px;}
>
> body {background-image: url("images/back40.gif");}

注意不要在属性值与单位之间留有空格。

两种外部样式的区别总结如下。

link 属于 XHTML 标签，而@import 完全是 CSS 提供的一种方式。link 标签除了可以加载 CSS 外，还可以做很多其他的事情，比如定义 RSS，定义 rel 连接属性等，@import 就只能加载 CSS。两者加载时间及顺序不同。使用 link 链接的 CSS 是客户端浏览网页时先将外部的 CSS 文件加载到网页当中，然后再进行编译显示，所以这种情况下显示出来的网页跟我们预期的效果一样，即使一个页面 link 多个 CSS 文件，网速再慢也是一样的效果。而使用@import 导入的 CSS 就不同了，客户端在浏览网页时是先将 HTML 的结构呈现出来，再把外部的 CSS 文件加载到网页当中，当然最终的效果也跟前者是一样的，只是当网速较慢时会出现先显示没有 CSS 统一布局时的 HTML 网页，这样就会给阅读者带来很不好的感觉。这也是现在大部分网站的 CSS 都采用链接方式的最主要原因。当使用 JavaScript 控制 DOM 去改变样式的时候，只能使用 link 标签，因为@import 不是 DOM 可以控制的。

综上所述，一般普通的站点在调用外部样式表的时候，还是尽量选择 link 链入外部样式表比较好。但初学者也需要了解其他方式。

3. 选择器的定义和使用

选择器实现了对 HTML 元素的定位和选择，进而实现样式的控制。CSS 基础选择器见表 6-1-1。

表 6-1-1　CSS 基础选择器

选择器	类型	功能描述
*	通配选择器	选择文档中所有 HTML 元素
E	元素选择器	选择指定类型的 HTML 元素
#id	ID 选择器	选择指定 ID 属性值为"id"的任意类型元素
.class	类选择器	选择指定 class 属性值为"class"的任意类型的任意多个元素
selector1,selectorN	群组选择器	将每一个选择器匹配的元素集合并

（1）通配符选择器。在 CSS 中，使用*代表所有的标签或元素，它叫做通配符选择器。比如：*{color:red;}这里就把所有元素的字体设置为红色。

*会匹配所有的元素，因此针对所有元素的设置可以使用*来完成，使用最多的例子如下。

> *{margin:0px; padding:0px;}

这里是设置所有元素的外边距 margin 和内边距 padding 都为 0。

（2）元素选择器。最常见的 CSS 选择器是元素选择器。换句话说，文档的元素就是最基本的选择器。如果设置 HTML 的样式，选择器通常将是某个 HTML 元素，如 p、h1、 em、a，甚至可以是 html 本身。

```
html {color:black;}
h1 {color:blue;}
h2 {color:silver;}
```

可以将某个样式从一个元素切换到另一个元素。假设决定将上面的段落文本（而不是 h1 元素）设置为灰色。只需要把 h1 选择器改为 p。

```
html {color:black;}
p {color:gray;}
h2 {color:silver;}
```

在 W3C 标准中，元素选择器又称为类型选择器（type selector）。

类型选择器匹配文档语言元素类型的名称。类型选择器匹配文档树中该元素类型的每一个实例。

下面的规则匹配文档中所有 h1 元素。

```
h1 {font-family: sans-serif;}
```

（3）ID 选择器。HTML 元素的 ID 名称是唯一的，只能对应于文档中一个具体的元素。在 HTML 中，用来构建整体框架的标签应该定义 ID 属性，因为这些对象一般在页面中都是比较唯一的，固定的，不会重复，如 Logo 包含框、导航条、主体包含框、版权区域等。ID 选择器使用#前缀标识符进行标识，后面紧跟指定的元素的 ID 名称。

```
#box{ width:100px; height:100px;}
```

在 HTML 中使用：

```
<div id="box">一个盒子</div>
```

（4）类选择器。在 CSS 中，类选择器以一个点号表示。

```
.center {text-align: center}
```

在上面的例子中，所有拥有 center 类的 HTML 元素均为居中。

在下面的 HTML 代码中，h1 和 p 元素都有 center 类。这意味着两者都将遵守".center"选择器中的规则。

```
<h1 class="center">
标题文本内容居中！
</h1>
<p class="center">
段落文本内容居中！
</p>
```

ID 选择器与类选择器有相似又有不同，相同点是可以应用于任何元素。

不同点是 ID 选择器只能在文档中使用一次。与类选择器不同，在一个 HTML 文档中，ID 选择器只能使用一次，而且仅一次。而类选择器可以使用多次。我们可以为一个元素同时设多个样式，只可以用类选择器的方法实现，ID 选择器是不可以的。

下面的代码是正确的。

```
.stress{
    color:red;
}
.bigsize{
```

```
            font-size:25px;
        }
        <p>到了<span class="stress bigsize">二年级</span>下学期时，我们班上了一节公开课...</p>
```

（5）群组选择器。假设希望 h2 元素和段落都有灰色。为达到这个目的，可以使用以下声明。

```
        h2, p {color:gray;}
```

将 h2 和 p 选择器放在规则左边，然后用逗号分隔，就定义了一个群组选择器。其右边的样式（color:gray;）将应用到这两个选择器所引用的元素。逗号告诉浏览器，规则中包含两个不同的选择器。如果没有这个逗号，那么规则的含义将完全不同。

可以将任意多个选择器分组在一起，对此没有任何限制。例如，如果想把很多元素显示为灰色，可以使用类似如下的规则。

```
        body, h2, p, table, th, td, pre, strong, em {color:gray;}
```

提示：通过分组，可以将某些类型的样式"压缩"在一起，这样就可以得到更简洁的样式表。

以下的两组规则能得到同样的结果。

```
        /* no grouping */
        h1 {color:blue;}
        h2 {color:blue;}
        h3 {color:blue;}
        h4 {color:blue;}
        h5 {color:blue;}
        h6 {color:blue;}

        /* grouping */
        h1, h2, h3, h4, h5, h6 {color:blue;}
```

任务实现

实训：在网页中添加 CSS 样式

在网页中添加 CSS 样式

1. 成果预期

鉴于 CSS 样式语法特点，本实训在初步认识 CSS 语法基础上，重点使学习者掌握样式文件的引入，结合 CSS 样式语法、选择器，实现优化网页文字显示的效果。

2. 过程实施

（1）新建页面。在 Dreamweaver 中创建一个 HTML 页面，在页面中添加一个 h1 标签，如图 6-1-1 和图 6-1-2 所示。

（2）添加标签选择器。创建 CSS 文件夹，并在 CSS 中创建 base.css，添加一个标签选择器，设置一个样式属性，如图 6-1-3 所示。

图 6-1-1 创建 HTML 文档

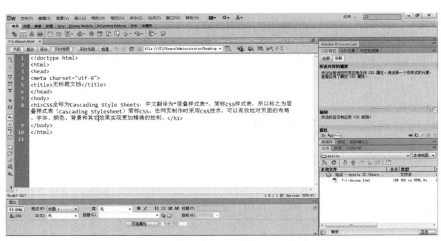

图 6-1-2 编写 HTML 代码

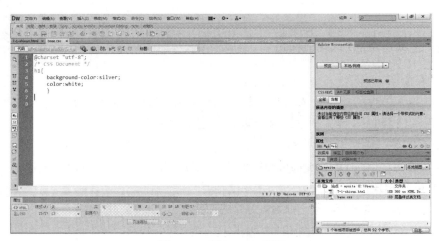

图 6-1-3 添加 CSS 代码

（3）引入 base.css。在 html 页面中引入 base.css，HTML 代码如图 6-1-4 所示。

图 6-1-4　引入外部 CSS 文件

（4）效果预览。保存网页，预览效果如图 6-1-5 所示。

图 6-1-5　效果预览

学习小测

1．知识测试

请完成以下单项选择题

（1）CSS 指的是（　　　）。

　　A．Computer Style Sheets　　　　　　B．Cascading Style Sheets

　　C．Creative Style Sheets　　　　　　　D．Colorful Style Sheets

（2）（　　　）属性可用来定义内联样式。

　　A．font　　　　　B．class　　　　　　C．styles　　　　　D．style

（3）CSS 文件的扩展名为（　　　）。

　　A．.txt　　　　　B．.htm　　　　　　C．.css　　　　　　D．.html

（4）以下 HTML 代码中，（　　　）是正确引用外部样式表的方法。

　　A．<style src="mystyle.css">

　　B．<link rel="stylesheet" type="text/css" href="mystyle.css">

　　C．<stylesheet>mystyle.css</stylesheet>

　　D．<link src="a.css"/>

（5）下列（　　）选项的 CSS 语法是正确的。

    A．body:color=black   B．{body:color=black(body}

    C．body {color: black;}   D．{body;color:black}

请完成以下判断题

（1）前端开发中，CSS 技术实现网页的表现，HTML 定义网页的内容。 （　　）

（2）CSS 有多种方式与 HTML 结合，其中最常用的是行内式。 （　　）

（3）群组选择器又称并集选择器，可以包含任意多个选择器。 （　　）

2．技术实战

主题：设置多个不同颜色段落文本

要求：分别使用多种选择器为同一个 HTML 文件中的不同段落文本设置不同的颜色效果，如图 6-1-6 所示。

图 6-1-6　预览效果

任务 2　网页常用的样式实现

任务描述

本任务主要讲解使用 CSS 进行网页常用效果实现的原理和方法，涉及的知识点主要有文字和文本、超链接、列表和表单的样式属性及效果，在此基础上通过"实现网页主题文字设计效果"实训，使读者全面掌握 CSS 网页优化常见样式属性的代码编写。本任务通过常用样式属性的知识引入，要求读者重点掌握各种样式属性的设置方式以及配合使用。

知识解析

1．文字样式优化

网页中经常需要对文字的样式进行设置，包括字体、字号、加粗、倾斜的特殊字体样式。CSS 对字体的属性进行了详细的设置，分别对应不同的 CSS 属性，见表 6-2-1。

表 6-2-1　字体属性描述

属性	描述
font	简写属性。作用是把所有针对字体的属性设置在一个声明中
font-family	设置字体系列
font-size	设置字体的尺寸
font-style	设置字体风格
font-variant	以小型大写字体或者正常字体显示文本
font-weight	设置字体的粗细

（1）设置字体和尺寸样式。

下面的例子为所有 h1 元素设置了黑体字体。

> h1 {font-family: 黑体;}

font-size 属性设置文本的大小。font-size 值可以是绝对或相对值。

绝对值：将文本设置为指定的大小。通过像素设置文本大小，可以对文本大小进行完全控制。参看如下代码。

> h1 {font-size:60px;}
> h2 {font-size:40px;}
> p {font-size:14px;}

相对大小：相对于周围的元素来设置大小。如果没有规定字体大小，普通文本（比如段落）的默认大小是 16 像素（16px=1em）。如使用 em 来设置字体的大小，1em 等于当前的字体尺寸。如果一个元素的 font-size 为 16 像素，那么对于该元素，1em 就等于 16 像素。在设置字体大小时，em 的值会相对于父元素的字体大小改变。实例代码如下。

> h1 {font-size:3.75em;} /* 60px/16=3.75em */
> h2 {font-size:2.5em;}　/* 40px/16=2.5em */
> p {font-size:0.875em;} /* 14px/16=0.875em */

（2）设置字体风格样式。

font-style 属性最常用于规定斜体文本。

该属性有以下三个值。

normal：文本正常显示。

italic：文本斜体显示。

oblique：文本倾斜显示。

实例代码如下。

> p.normal {font-style:normal;}
> p.italic {font-style:italic;}
> p.oblique {font-style:oblique;}

font-variant 属性可以设定小型大写字母。小型大写字母不是一般的大写字母，也不是小写字母，这种字母采用不同大小的大写字母。实例代码如下。

> p {font-variant:small-caps;}

font-weight 属性设置文本的粗细。使用 bold 关键字可以将文本设置为粗体。关键字

100～900 为字体指定了 9 级加粗度。如果一个字体内置了这些加粗级别，那么这些数字就直接映射到预定义的级别，100 对应最细的字体变形，900 对应最粗的字体变形。数字 400 等价于 normal，而 700 等价于 bold。如果将元素的加粗设置为 bolder，浏览器会设置比所继承值更粗的一个字体加粗。与此相反，关键词 lighter 会导致浏览器将加粗度下移而不是上移。实例代码如下。

```
p.normal {font-weight:normal;}
p.thick {font-weight:bold;}
p.thicker {font-weight:900;}
```

2. 文本样式优化

CSS 文本样式属性可以设置文本段落的效果，包括文本文字颜色、行高、对齐方式、字间距、文字阴影效果等，见表 6-2-2。

表 6-2-2　文本样式属性描述

属性	描述
color	设置文本颜色
direction	设置文本方向
line-height	设置行高
letter-spacing	设置字符间距
text-align	对齐元素中的文本
text-decoration	向文本添加修饰
text-indent	缩进元素中文本的首行
text-transform	控制元素中的字母
white-space	设置元素中空白的处理方式
word-spacing	设置字间距

以下应用文本样式属性可以看出属性的作用。

```
<!doctype html>
<html>
<head>
<meta charset="utf-8">
<title>无标题文档</title>
<style type="text/css">
    p{ font-size:18px; font-family:微软雅黑;}
    #p1{}
    #p2{color:orange;
    letter-spacing:1em;
    text-shadow:black;
    text-align:center;}
</style>
</head>
<body>
```

```
<p id="p1">普通段落文本显示效果</p>
<p id="p2">修饰后的段落文本显示效果</p>
</body>
</html>
```

运行文本效果如图 6-2-1 所示。

图 6-2-1　效果预览

3．链接样式优化

能够设置链接样式的 CSS 属性有很多种（例如 color，font-family，background 等）。链接的特殊性在于能够根据它们所处的状态来设置它们的样式。链接的四种状态如下。

a:link：普通的、未被访问的链接。

a:visited：用户已访问的链接。

a:hover：鼠标指针位于链接的上方。

a:active：链接被点击的时刻。

以下代码利用链接样式属性分别设计了链接四种状态下的效果。

```
<!doctype html>
<html>
<head>
<meta charset="utf-8">
<style type="text/css">
a{
        width:100px;
        height:80px;
        background-color:orange;
        line-height:80px;
        text-align:center;
        display:block;
        text-decoration:none;
}
a:link{color:black;}    //链接未被访问时  文字颜色为黑色
a:visited{color:blue;}    //链接被访问后  文字颜色为蓝色
a:hover{background-color:pink;}    //鼠标位于链接的上方  背景颜色变成粉色
a:active{font-size:24px}    //鼠标点中链接时刻  文字变大
</style>
</head>
<body>
<a href="#">首页</a>
</body>
</html>
```

四种状态的运行效果如图 6-2-2 所示。

图 6-2-2　效果预览

4. 列表样式优化

列表在网页中非常常用，从某种意义上说，不是描述性的文本内容都可以看做列表。网页中常见的导航一般都是用列表来完成的。导航有各种各样的效果，这些效果需要结合 CSS 列表样式属性来完成。表 6-2-3 显示了 CSS 列表属性名称及其功能描述。

表 6-2-3　列表属性描述

属性	描述
list-style	简写属性。用于把所有用于列表的属性设置于一个声明中
list-style-image	将图像设置为列表项标志
list-style-position	设置列表中列表项标志的位置
list-style-type	设置列表项标志的类型

以下代码使用 CSS 列表样式实现竖形导航。

```
<!doctype html>
<html>
<head>
<meta charset="utf-8">
<style type="text/css">
li{
width:150px;height:60px;background-color:silver;
color:white; line-height:60px; text-align:left; padding:10px;
border-bottom:2px solid white;
}
ul{ list-style-type:none;}
li:hover{ background-color:gray; color:silver;}
</style>
</head>
<body>
<ul>
    <li>家用电器</li>
    <li>手机/运营商/数码</li>
    <li>电脑/办公</li>
    <li>家居/家具</li>
</ul>
</body>
</html>
```

运行效果如图 6-2-3 所示。

图 6-2-3　效果预览

5．表格样式优化

表格曾经在网页设计中发挥过重要的布局作用，随着技术的发展，大多数网页已经不再使用表格进行布局设计，但是表格作为数据展示的良好工具，在网页中仍然发挥着非常重要的作用。想要制作一个漂亮的数据表格，必然要使用 CSS 样式，除了上述的样式可以应用于表格外，CSS 还提供了专门用于表格的样式属性，见表 6-2-4。

表 6-2-4　表格样式属性描述

属性	描述
border-collapse	设置是否把表格边框合并为单一的边框
border-spacing	设置分隔单元格边框的距离
caption-side	设置表格标题的位置
empty-cells	设置是否显示表格中的空单元格
table-layout	设置显示单元、行和列的算法

以下代码综合 CSS 表格样式属性和其他样式属性制作了一个公司数据表格。

```
<!doctype html>
<html>
<head>
<meta charset="utf-8">
<style type="text/css">
#customers
  {
  font-family:微软雅黑;
  width:500px;
  border-collapse:collapse; text-align:center;
  }
```

```
#customers td, #customers th
    {
    font-size:1em;
    border:1px solid #98bf21;
    padding:3px 7px 2px 7px;
    }
#customers th
    {
    font-size:1.1em;
    letter-spacing:0.5em;
    padding-top:5px;
    padding-bottom:4px;
    background-color:#A7C942;
    color:#ffffff;
    }
#customers tr.alt td
    {
    color:#000000;
    background-color:#EAF2D3;
    }
</style>
</head>

<body>
<table id="customers">
<tr>
<th>公司</th>
<th>联系人</th>
<th>国家</th>
</tr>
<tr class="alt">
<td>通信公司</td>
<td>张三</td>
<td>中国</td>
</tr>
<tr >
<td>科技公司</td>
<td>李明</td>
<td>中国</td>
</tr>
<tr class="alt">
<td>创新公司</td>
<td>凯文</td>
<td>美国</td>
</tr>
<tr >
```

```
<td>软件公司</td>
<td>王方</td>
<td>中国</td>
</tr>
</table>
</body>
</html>
```

运行效果如图 6-2-4 所示。

图 6-2-4　效果预览

任务实现

实训：实现网页主题文字设计效果

1. 成果预期

结合 CSS 常用本文等样式属性，实现指定的设计效果。本实训在常用样式的知识讲解基础上，使学习者综合样式属性知识，完成指定效果的网页主题文字设计效果。

2. 过程实施

（1）创建页面。创建 HTML 页面和 index.css 文件，添加<link>标签将 CSS 文件导入网页文件。

（2）编写 HTML 页面。编写 HTML 页面，内容为"爱上鲜花网"，具体代码如下。

```
<!doctype html>
<html>
<head>
<meta charset="utf-8">
<link rel="stylesheet" type="text/css" href="index.css">
</head>

<body>
<div id="logo">
  <span id="logoTxt">
    <span id="s1">爱</span><span id="s2">上</span><span id="s3">鲜</span><span id="s4">花
</span><span id="s5">网</span>
```

实现网页主题文字
设计效果

```
        </span>
    </div>
    </body>
    </html>
```

查看网页效果，如图 6-2-5 所示。

图 6-2-5　效果预览

（3）设计编写 CSS 样式。在 CSS 文件中，设计编写 CSS 样式美化 logo 文字，刷新页面查看效果，CSS 代码如下。

```
@charset "utf-8";
/* CSS Document */
#logo{
        width:450px;
        height:200px;
        border:2px solid white;
        border-radius:25px;
-moz-border-radius:25px;
        background-image:url(img/logobg.jpg);
        font-family:黑体;
        font-size:44px; font-style:italic;}
#logoTxt{
        position:absolute;
        top:80px;
        left:40px;
        }
#s1{color:#FF8000;}
#s2{color:pink;}
#s3{color:yellow;}
#s4{color:green;}
#s5{color:#FF0080;}
```

刷新页面查看网页效果，如图 6-2-6 所示。

图 6-2-6　效果预览

学习小测

1．知识测试

请完成以下单项选择题

（1）下面＿＿＿＿＿语句是把段落的字体设置为黑体、18 像素、红色字体显示。

    A．p{font-family:黑体;font-size:18pc; font-color:red}

    B．p{font-family:黑体;font-size:18px; font-color:#ff0000}

    C．p{font:黑体　18px #00ff00}

（2）（　　）属性可控制文本的大小。

    A．font-size　　　B．text-style　　　C．font-style　　　D．text-size

（3）在以下的 CSS 中，可使所有<p>元素变为粗体的正确语法是（　　　）。

    A．<p style="font-size:bold">　　　　B．<p style="text-size:bold">

    C．p {font-weight:bold;}　　　　　　D．p {text-size:bold}

（4）如何设置显示没有下划线的超链接（　　　）。

    A．a {text-decoration:none}　　　　　B．a {text-decoration:no underline}

    C．a {underline:none}　　　　　　　　D．a {decoration:no underline}

请完成以下判断题

（1）设置文本行高的属性是 line-height，常用于文本水平居中。　　　　　（　　　）

（2）清除列表样式属性常用的 CSS 属性是 list-style:none。　　　　　（　　　）

（3）实现表格边框合并的 CSS 属性是 border-spacing。　　　　　（　　　）

2．技术实战

主题：实现网站首页导航栏

要求：设计并实现网站首页导航栏。导航链接文字自行设计，鼠标移动到对应导航链接，背景颜色发生变化，实现效果可参考图 6-2-7。

图 6-2-7　参考效果

任务 3　网页整体布局实现

任务描述

本任务主要讲解 CSS 样式进行整体网页布局所需要的知识和技巧，涉及的知识点主要有 CSS 盒子模型、定位、浮动与清除浮动等，在此基础上通过"实现花店网首页的设计布局”实训，使读者全面掌握使用 CSS 样式属性进行网页整体布局的方法与技巧。本任务通过 CSS 高级属性知识的引入，要求读者重点掌握盒子模型相关属性以及定义与浮动的实现和原理，学会综合运用。

知识解析

1. 盒子模型概述

在制作网页的过程中，美工人员设计好网页效果图片交给前端开发人员，前端开发人员再使用 HTML 等技术重构。在进行重构的时候首先需要对美工图片进行分析，分析网页的布局，根据布局进行网页的代码重构。因此网页布局是实现一个网页首先要考虑和实现的，布局的好坏直接影响重构页面的浏览效果。DIV+CSS 布局是当今流行的布局实现方式，是网页通过 DIV 标签和 CSS 样式表代码开发网页的统称。DIV+CSS 的布局便于维护，网页打开速度更快，符合 Web 标准。下面讲解 CSS 实现布局的基本知识。

> 📝 小贴士　　所谓布局简单来说就是对网页进行划块。CSS 盒子模型能够将块级 HTML 元素实现成任意效果的区块盒子。

CSS 盒子模型就是用来装页面上的元素的矩形区域。CSS 中的盒子模型包含有内容（content）、填充（padding）、边框（border）、边界（margin）这四个组成部分。其中填充、边框、边界的厚度都是可以以像素 px 为单位进行设置的，这三个部分都包含有 top、right、bottom、left 四个组成部分，content 有宽度 width 和高度 height 可以设置。盒子模型如图 6-3-1 所示。

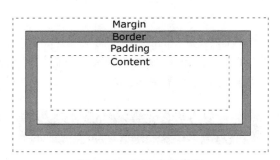

图 6-3-1　CSS 盒子模型

不同部分的说明如下。

Margin（外边距）：清除边框外的区域，外边距是透明的。

Border（边框）：围绕在内边距和内容外的边框。

Padding（内边距）：清除内容周围的区域，内边距是透明的。

Content（内容）：盒子的内容，显示文本和图像。

以下代码展示盒子模型的实现和效果。

```
<!doctype html>
<html>
```

```
<head>
<meta charset="utf-8">
<style>
div {
    background-color: lightgrey;
    width: 300px;
     height:auto;
    border: 25px solid green;
    padding: 25px;
    margin: 25px;
}
</style>
</head>
<body>

<h2>盒子模型演示</h2>

<p>CSS 盒模型本质上是一个盒子，包括：边距，边框，填充和实际内容。</p>

<div>这里是盒子内的实际内容。有 25px 内间距 padding，25px 外间距 margin、25px 绿色边框
border。内容的宽度是 300px。高度根据盒子内容自动设置。</div>

</body>
</html>
```

运行效果如图 6-3-2 所示。

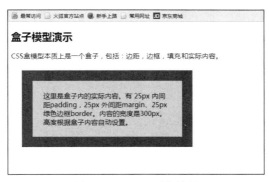

图 6-3-2　CSS 预览效果

　　分析上面 DIV 盒子，最终元素的总宽度=内容宽度+左右边填充+左右边框+左右外边距，同理，元素的总高度=内容高度+上下填充+上下边框+上下外边距。作为网页前端人员常常需要计算元素的高宽进行网页整体的布局，因此需要掌握盒子模型高宽度的计算。

　　2．定位原理及实现

　　在了解了 CSS 盒子模型之后，想要实现布局，还需要了解 CSS 的定位，掌握把元素放在想要的位置的方法。在 CSS 中，经常会用到 position 属性，主要是绝对定位和相对定位。

下面介绍 CSS 的 position 属性值。

- static：默认值。没有定位，元素出现在正常的流中（忽略 top、bottom、left、right 或者 z-index 声明）。
- absolute：生成绝对定位的元素，脱离文档流，相对于 static 定位以外的第一个父元素进行定位。元素的位置通过"left" "top" "right"以及"bottom"属性进行规定。
- relative：生成相对定位的元素，相对于其正常位置进行定位，不脱离文档流。因此，"left:20"会向元素的 Left 位置添加 20 像素。
- fixed：生成绝对定位的元素，相对于浏览器窗口进行定位。元素的位置通过"left" "top" "right"以及"bottom"属性进行规定。

较为常用的是 absolute 和 relative 两种方式，接下来主要讨论这两者的区别。参看以下示例。

```
<!doctype html>
<html>
<head>
<meta charset="utf-8">
<title>无标题文档</title>
<style type="text/css">
        html body
        {
                margin: 0px;
                padding: 0px;
                color:white;
        }
        #parent
        {
                width: 200px;
                height: 200px;
                border: solid 2px black;
                padding: 0px;
                position: relative;
                background-color: green;
                top:15px;
                left: 15px;
        }
        #sub1
        {
                width: 100px;
                height: 100px;
                background-color: blue;
        }
        #sub2
        {
                width: 100px;
                height: 100px;
                background-color: red;
```

```
            }
        </style>
    </head>
    <body>
        <div id="parent">
            <div id="sub1">sub1
            </div>
            <div id="sub2">sub2
            </div>
        </div>
    </body>
</html>
```

这是一个嵌套的 DIV，一个父 div Parent，包含两个子 div Sub1 和 Sub2，由于两个子 DIV 没有设置任何 position 属性，它们处于它们应当处于的位置。默认位置如图 6-3-3 所示。

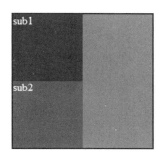

图 6-3-3　CSS 预览效果

（1）relative 相对定位。在上面代码的基础上，增加对 sub1 的相对定位。代码如下。

```
#sub1
    {       width: 100px;
            height: 100px;
            background-color: blue;
            position: relative;
            top: 15px;
            left: 15px;

    }
```

运行效果如图 6-3-4 所示。

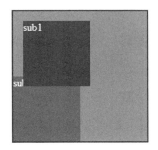

图 6-3-4　相对定位

可以看出 sub1 相对原来自己的位置向下、向右移动了 15px。所以相对定位所指相对是指相对原来的没有定位的位置，以此为基准进行定位。并且相对定位不脱离文档流，元素仍然占据原来的空间，因此相对定位移动元素会导致它覆盖其他框。

（2）absolute 绝对定位。绝对定位相对其包含块定位，将上面的代码还原，为 sub1 增加一个绝对定位。代码如下。

```
#sub1
{    width: 100px;
     height: 100px;
     background-color: blue;
     position: absolute;
     top: 15px;
     left: 15px;
}
```

运行效果如图 6-3-5 所示。

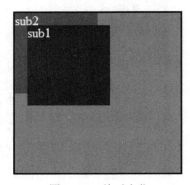

图 6-3-5　绝对定位

这时可以发现，由于对 sub1 进行了绝对定位，sub1 的位置发生了偏移，由于绝对定位脱离了文档流，同级 Div sub2 则占据了 sub1 的位置，并且 sub1 遮挡了 sub2。由于其父元素有相对定位，sub1 相对于父元素 parent 进行定位。

（3）fixed 定位方式。fixed 是一种特殊的 absolute，fixed 总是以 body 为定位对象的，按照浏览器的窗口进行定位。我们将代码还原到最初状态，sub1 增加 absolute 定位方式，而 sub2 增加 fixed 定位方式。代码如下。

```
#sub1
{
     width: 100px;
     height: 100px;
     background-color: blue;
     position: absolute;
     top: 15px;
     left: 15px;
}
#sub2
{
```

```
        width: 100px;
        height: 100px;
        background-color: red;
        position: fixed;
        top: 5px;
        left: 5px;
    }
```

运行效果如图 6-3-6 所示。

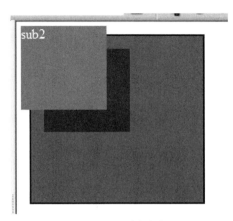

图 6-3-6　固定定位

3．浮动和清除浮动

CSS 的 Float（浮动），会使元素向左或向右移动，其周围的元素也会重新排列。Float（浮动）往往用于图像，但它在布局时一样非常有用。元素的水平方向浮动，意味着元素只能左右移动而不能上下移动。一个浮动元素会尽量向左或向右移动，直到它的外边缘碰到包含框或另一个浮动框的边框为止，如图 6-3-7 所示。浮动元素脱离文档流，其之后的元素将围绕它。浮动元素之前的元素将不会受到影响。

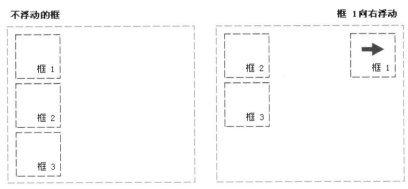

图 6-3-7　CSS 右浮动

框 1 向右浮动的代码如下所示。

```
<!doctype html>
<html>
```

```
<head>
<meta charset="utf-8">
<style type="text/css">
#bg{width:400px;
      height:330px;
      border:1px dashed silver;
      position:relative;
      left:30px;
      top:30px;}
#k1,#k2,#k3{width:100px; height:100px; border:1px groove black; margin:5px;}
#k1{ float:right;}    //框 1 向右浮动
#k2{}
#k3{}
</style>
</head>
<body>
<div id="bg">
      <div id="k1">框 1</div>
      <div id="k2">框 2</div>
      <div id="k3">框 3</div>
</div>
</body>
</html>
```

当框 1 向左浮动时，它脱离文档流并且向左移动，直到它的左边缘碰到包含框的左边缘。因为它不再处于文档流中，所以它不占据空间，实际上覆盖住了框 2，使框 2 从视图中消失。如果把所有三个框都向左移动，那么框 1 向左浮动直到碰到包含框，另外两个框向左浮动直到碰到前一个浮动框，如图 6-3-8 所示。

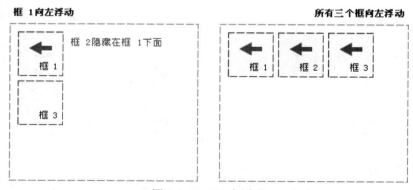

图 6-3-8　CSS 左浮动

如图 6-3-9 所示，如果包含框太窄，无法容纳水平排列的三个浮动元素，那么其他浮动块向下移动，直到有足够的空间。如果浮动元素的高度不同，那么当它们向下移动时可能被其他浮动元素"卡住"。

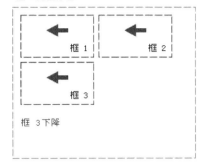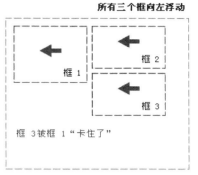

图 6-3-9　CSS 浮动

所有三个框向左浮动，框 3 被 1 卡住的代码如下。

```
<!doctype html>
<html>
<head>
<meta charset="utf-8">
<style type="text/css">
#bg{width:300px;
    height:330px;
    border:1px dashed silver;
    position:relative;
    left:30px;
    top:30px;}
#k1,#k2,#k3{width:100px; height:100px; border:1px solid black; margin:5px; float:left;}
#k1{height:150px;}
#k2{}
#k3{}
</style>
</head>
<body>
<div id="bg">
    <div id="k1">框 1</div>
    <div id="k2">框 2</div>
    <div id="k3">框 3</div>
</div>
</body>
</html>
```

见表 6-3-1，展示了 float 属性的常用属性值及其作用。

表 6-3-1　浮动属性描述

属性	描述
left	元素向左浮动
right	元素向右浮动
none	默认值。元素不浮动，按照在标准文档流的位置显示

元素浮动之后，周围的元素会重新排列，影响非浮动元素的布局，为了避免这种情况，可以使用 clear 属性清除浮动。

clear 属性指定元素两侧不能出现浮动元素。表 6-3-2 为 clear 属性的常用属性值及其作用。

表 6-3-2　清除浮动属性描述

属性	描述
left	在左侧不允许浮动元素
right	在右侧不允许浮动元素
both	在左右两侧均不允许浮动元素
none	默认值。允许浮动元素出现在两侧

如图 6-3-10 所示，有三个 div 框 1、2、3，不设置浮动时它们的位置是依次向下排列的。

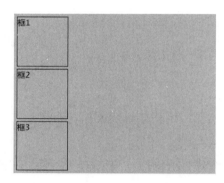

图 6-3-10　CSS 预览效果

实现代码如下。

```
<!doctype html>
<html>
<head>
<meta charset="utf-8">
<style type="text/css">
#bg{width:400px;
     height:auto;
     border:1px dashed silver;
     position:relative;
     left:30px;   top:30px;
background-color:silver;
}
#k1,#k2,#k3{width:100px; height:100px; border:1px solid black; margin:5px; }
</style>
</head>
<body>
<div id="bg">
     <div id="k1">框 1</div>
     <div id="k2">框 2</div>
```

```
        <div id="k3">框 3</div>
    </div>
    </body>
    </html>
```

假如现在有需求，需要将三个框横放，根据浮动知识，需要为三个框增加左浮动属性 float:left。但是由于父元素的高度是 auto，此时出现了父元素的高度塌陷，如图 6-3-11 所示。

图 6-3-11　高度塌陷

由于框的浮动脱离文档流，父元素高度受其影响，父元素塌陷为一条线。解决这个问题需要消除浮动对父元素的影响。清除浮动的方法有很多，下面使用一种常用的方法。增加一个空 div 为其增加 clear 属性，代码如下。

```
<!doctype html>
<html>
<head>
<meta charset="utf-8">
<style type="text/css">
#bg{width:400px;
    height:auto;
    border:1px dashed silver;
    position:relative;
    left:30px;
    top:30px;
    background-color:silver;}
#k1,#k2,#k3{
    width:100px; height:100px;
    border:1px solid black;
    margin:5px;
    float:left;
    }
.clear{clear:both;}
</style>
</head>
<body>
<div id="bg">
    <div id="k1">框 1</div>
    <div id="k2">框 2</div>
    <div id="k3">框 3</div>
    <div class="clear"></div>
</div>
</body>
</html>
```

运行效果如图 6-3-12 所示。

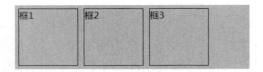

图 6-3-12　CSS 预览效果

4. 网页布局实现

学习了定位和浮动，现在可以开始实现网页布局了，DIV+CSS 布局已经成为当前网页布局的潮流，通过盒子模型和浮动、定位来控制页面布局比以前的表格布局更容易控制。接下来利用 DIV+CSS 技术进行如图 6-3-13 所示网页的布局实现。

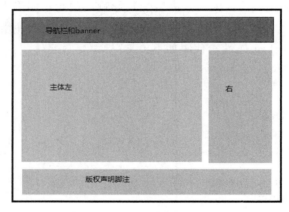

图 6-3-13　CSS 布局预览效果

● 首先设置要了解网页页面布局框架结构，设定宽高和边框，以及设置好 class 或者 ID 名称，如图 6-3-14 所示。

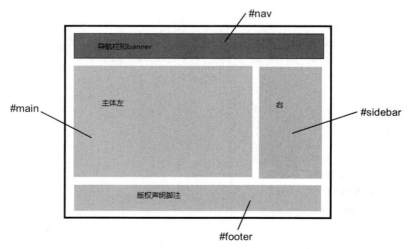

图 6-3-14　布局分析

● 打开 Dreamweaver CS6，点击新建 HTML。

● 根据设定的网页布局，设置 div 网页结构，如图 6-3-15 所示。

```
7   <body>
8   <div>
9       <div></div>
10      <div></div>
11      <div></div>
12      <div></div>
13  </div>
14  </body>
```

图 6-3-15　网页结构

● 添加 div 标签的 class 名称，这里也可以使用 ID 类名，如图 6-3-16 所示。

```
7   <body>
8   <div id="bg">
9       <div id="nav"></div>
10      <div id="main"></div>
11      <div id="sidebar"></div>
12      <div id="footer"></div>
13  </div>
14  </body>
```

图 6-3-16　分块命名

● 编辑 CSS 控制 div 块的宽高、背景、浮动和浮动清除，如图 6-3-17 所示。

```
1   @charset "utf-8";
2   /* CSS Document */
3   #bg{
4       width:990px; height:auto;
5       margin:auto;
6       border:1px solid blue;
7       }
8   #nav{
9       width:960px; height:150px;
10      background-color:green;
11      margin:5px auto;}
12  #main{
13      width:650px; height:500px;
14      margin: 5px 5px 5px 15px;
15      background-color:pink;
16      float:left;}
17  #sidebar{
18      width:300px; height:500px;
19      margin: 5px 15px 5px 0px;
20      background-color:orange;
21      float:right; }
22  #footer{
23      width:960px; height:100px;
24      margin:5px auto; background-color:#0FC;}
25  .clear{clear:both;}
```

图 6-3-17　样式实现

● 使用 link 链接外部 CSS 样式表，查看布局效果如图 6-3-18 所示。

图 6-3-18　CSS 预览效果

任务实现

训练：实现"花店网"首页的设计布局

实现"花店网"
首页的设计布局

1．成果预期

综合利用盒子模型、定位与浮动相关属性，完成网站首页的布局实现。本实训在初步认识 CSS 布局相关属性的知识基础上，重点使学习者能够综合运行 CSS 布局属性知识，完成网页整体布局优化。

2．过程实施

（1）设计首页布局。对布局进行分析，划分层次，对 DIV 盒子进行命名区分，如图 6-3-19 所示。

图 6-3-19　布局分析

（2）创建首页。根据设计创建首页 html 文件，使用 html 标签搭建网页骨架。

```
<!doctype html>
<html>
<head>
<meta charset="utf-8">
<title>爱上鲜花网</title><link rel="stylesheet" type="text/css" href="shixun3.css">
</head>
<body>
<div class="head"></div>
<div class="nav">
</div>
<div class="banner">
</div>
<div class="content">
    <div class="con">
        <div class="con_type">
        </div>
        <div class="con_type">
        </div>
        <div class="con_type">
        </div>
        <div class="con_type">
        </div>
        <div class="con_type">
        </div>
        <div class="con_type">
        </div>
        <div class="con_type">
        </div>
        <div class="con_type">
        </div>
    </div>
</div>
<div class="footer"></div>
</body>
</html>
```

（3）编写 CSS 样式文件。分别对 DIV 盒子进行样式的实现以及定位，刷新首页查看效果。

```
.head{
    width:100%;
    height:80px;
    margin:0 auto;
    position: relative;
    border:1px solid green;
    background-color:green;
}
```

```
.nav{
        width:100%;
        height:50px;
        border:1px solid red;
        background-color:pink;
}
.banner {width:960px;
        height:600px;
        border:1px solid red;
        margin:auto;
        background-color:orange;}
.content{
        width:960px;
        margin:auto;
        height:500px;
        border:1px solid red;
}
.con{
        width:890px;
        height:460px;
        margin:0 auto;
        padding:40px 0 0 68px;
        background-color:red;
}
.con .con_type{
        width:160px;
        height:180px;
        border:1px solid #ccc;
        float: left;
        margin:0 39px 30px 0;
}
.footer{
        width:100%;
        height:120px;
        border:1px solid green;
        background-color:green;
}
```

学习小测

1. 知识测试

请完成以下单项选择题

（1）如何显示顶边框 10 像素、底边框 5 像素、左边框 20 像素、右边框 1 像素的边框。（   ）。

    A．border-width:10px 1px 5px 20px   B．border-width:10px 20px 5px 1px

    C．border-width:5px 20px 10px 1px   D．border-width:10px 5px 20px 1px

（2）使用（　　）改变元素的左边距。

    A．text-indent:　　　　　　　　　　B．indent:

    C．margin:　　　　　　　　　　　　 D．margin-left:

（3）下列（　　）属性能够设置盒模型的内填充为 10、20、30、40（顺时针方向）。

    A．padding:10px 20px 30px 40px

    B．padding:10px 1px

    C．padding:5px 20px 10px

    D．padding:10px

（4）以下（　　）选项是对对象进行定位的。

    A．padding　　　　　　　　　　　　B．margin

    C．position　　　　　　　　　　　　 D．display

（5）如果想将两个层排列在同一行中，下列描述不能实现的是（　　　）。

    A．直接插入两个 DIV 标记，会自动排在同一行

    B．指定 DIV 的 position 属性为 absolute，然后将层位置拖放到同一行中

    C．指定 DIV 标记的宽，并且指定其浮动方式，当层宽度之和小于外层元素宽度时，会排在同一行

    D．使用一个表格，将两个层分别放入一行中的两个单元格内

请完成以下判断题

（1）可以使用 clear 属性清除浮动元素对后面非浮动元素造成的影响。　　（　　）

（2）CSS 盒子模型中，通常指的盒子宽度就是 width 属性的值。　　（　　）

（3）CSS 定位中对元素进行绝对定位，是相对于其父元素进行定位。　　（　　）

2．技术实战

主题：完成 CSS 盒子定位效果

要求：使用 CSS 盒子和定位知识完成如图 6-3-20 所示的效果。

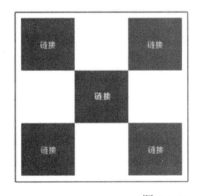 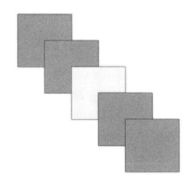

图 6-3-20　CSS 预览效果

参考文献

[1] 黄玮雯．网页界面设计[M]．北京：人民邮电出版社，2013．

[2] 张梅，何福贵．Adobe Photoshop CS6 图像设计与制作技能实训教程[M]．北京：科学出版社，2013．

[3] 传智播客高教产品研发部．HTML+CSS+JavaScript 网页制作案例教程[M]．北京：人民邮电出版社，2015．

[4] 郎振红，苏畅，汤慧．中文版 Photoshop CC 平面设计案例教程[M]．上海：上海交通大学出版社，2015．

[5] 马云众，千丽霞，孙全党．Flash CS6 动画制作案例教程[M]．北京：清华大学出版社，2016．

[6] 曹凤莲，周莲波．Flash CS6 动画设计项目教程[M]．北京：清华大学出版社，2016．

[7] 肖文婷．UI 设计：创意表达与实践[M]．北京：高等教育出版社，2017．

[8] 王芳，张庆玲，韩丽苹．Flash CS6 动画制作案例教程[M]．北京：清华大学出版社，2017．

[9] 曹天佑，陆沁，时延辉．Illustrator CS6 平面设计应用案例教程[M]．2 版．北京：清华大学出版社，2015．

[10] 黑马程序员．跨平台 UI 设计宝典[M]．北京：中国铁道出版社，2018．

[11] 李芳玲，陈业恩．网页设计与制作立体化教程：Photoshop+Dreamweaver+Flash CS6：微课版[M]．北京：人民邮电出版社，2019．